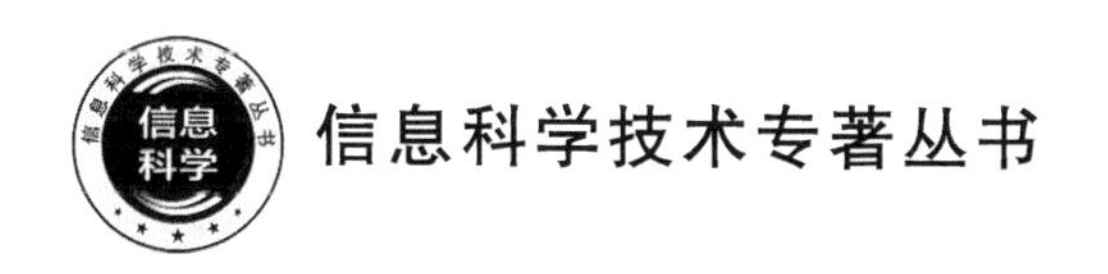

信息科学技术专著丛书

群智感知激励机制与数据收集技术

高慧　张波　孙艺　著

北京邮电大学出版社
www.buptpress.com

内容简介

群智感知作为一种新型的数据收集方式，在大数据领域受到了许多关注。但是作为群智感知的根本问题，即如何保障在群智感知场景下数据收集的数量和质量，仍然需要研究。

本书从群智感知的研究背景出发，系统地讲述了如何保障在群智感知场景下数据收集的数量和质量的方法，并立足实际，用真实数据集验证所提出方法的优越性。

此外，本书还根据群智感知系统的现状介绍了其下一步的研究内容，希望对读者有所启发。

图书在版编目（CIP）数据

群智感知激励机制与数据收集技术 / 高慧，张波，孙艺著. -- 北京：北京邮电大学出版社，2020.6
ISBN 978-7-5635-6047-9

Ⅰ.①群… Ⅱ.①高… ②张… ③孙… Ⅲ.①数据采集—研究 Ⅳ.①TP274

中国版本图书馆 CIP 数据核字（2020）第 070011 号

策划编辑：姚 顺 刘纳新　　**责任编辑**：满志文　　**封面设计**：七星博纳

出版发行：北京邮电大学出版社
社　　址：北京市海淀区西土城路 10 号
邮政编码：100876
发 行 部：电话：010-62282185　传真：010-62283578
E-mail：publish@bupt.edu.cn
经　　销：各地新华书店
印　　刷：北京九州迅驰传媒文化有限公司
开　　本：787 mm×1 092 mm 1/16
印　　张：7
字　　数：179 千字
版　　次：2020 年 6 月第 1 版
印　　次：2020 年 6 月第 1 次印刷

ISBN 978-7-5635-6047-9　　定 价：35.00 元

前　言

现代城市高速变革使人们的生活发生了一系列的变化：城市逐步扩张、人口基数增长、基建完善丰富、私家车保有量逐步攀升。然而，在城市发展过程中遇到的各种问题也越来越严重：城市规划、公共安全、空气污染等，这些问题阻碍了城市的进一步发展并已经受到了人们的重视，人们业已开始用各种方法尝试解决这些问题。

伴随着物联网和大数据等技术的发展和应用，城市中安装部署了大量的传感设备，如监控摄像头、PM2.5空气质量检测设备等，这些设备使城市具有了感知人们生活状态、为人们提供生活帮助的能力，比如，辅助提供道路拥堵信息以及空气质量信息等。另外，智慧城市的建设已经展开，从技术发展的视角，智慧城市建设需要应用以移动技术为代表的各种高新技术作为支撑。人们的生活越来越依赖于在城市中采集的各种数据，以使自己的生活更加方便。然而，目前城市中的感知系统主要还是依赖事先安装的专业传感器，而这种利用固定的传感器收集数据的方式具有一些先天的不足：首先，数据收集之前需要在城市中部署大量的传感器，投资成本高；其次，一般情况下单一种类的传感器只能收集固定的一种数据；再次，安装后使用的传感器后期需要定期维护，维护成本高，这些问题日益影响着城市感知系统的发展。近年来，随着通信、集成电路、软件和微电子等领域技术的飞速发展，使得从前仅有通信功能的移动终端设备已经具有了越来越强大的感知、计算和存储能力。正因为智能手机和移动通信网络的发展，使得原来普通的通信工具变成了拥有强大功能的智能通信终端，也使得其成为人们日常生活中必备的用品。与此同时，平板电脑、可穿戴设备甚至无人机等新型智能设备的出现，进一步扩大了智能设备的范畴。在这样的背景下，随着上述智能终端的普及，它们无论在传感器精度还是在数量上都已经具备了替代传统传感器收集数据的能力，从而促使研究人员提出了一种新型的数据收集方式，即群智感知(Crowd Sensing)。不同于传统的传感器网络，群智感知活动在收集数据之前不需要安装固定的传感器，而是将拥有智能终端的用户作为基本感知节点，并将其设备中所配置的传感器作为感知单元，让终端用户使用自己的智能设备去收集和上传(分享)其附近的环境数据。群智感知活动可以彻底地解决传统收集数据模式中出现的问题，形成规模广、延时小、布局方便、更加经济的感知系统。

群智感知需要由普通人作为参与者加入感知活动中去收集分享数据，普通人群既作为感知数据的“消费者和受益者”，同时也是感知数据的“生产者”。不同于机器，人们有自己的意愿和习惯。每个人的活动时间和路线等往往有着很大概率的不确定性和随机性，从而导致数据不能及时收集以及难以达到所要求的数量；加之不同智能设备内置传感器性能存在一定差异、人为上传虚假数据等情况，这些都会导致收集的数据在精确性、完整性、时效性等方面与真实数值存在差异，不能较好地反应感知区域的真实情况，进而导致数据不能满足感知平台和任务发布者的要求。数据数量不足和质量不高这些问题必然成为制约群智感知活动发展的不利因素。因此，如何选择合适的参与者提供高质量的感知数据，如何鼓励参与者愿意提供数据、多提供数据等是群智感知研究中所面临的并且需要尽快解决的重要问题。目前虽然群智感知领域已经出现了各种各样的应用系统，但是仍然缺乏有效的数据收集方法和合理的用户参与激励机制。尽管在传统的传感器网络中，针对数据收集问题已经积累了较多的研究成果，但是这些成果难以直接符合群智感知的场景要求，而且几乎没有考虑对用户的激励机制。针对以上问题，本书提出了相应的解决方案。

本书共分为 9 个章节。除第 1 章绪论外，第 2 章对激励机制及高质量数据收集的研究成果进行综述。第 3 章和第 4 章主要研究群智感知的激励机制问题。对于平台来说，激励机制的作用之一就是鼓励参与者提供相当数量的高质量数据，也就是说，激励机制是手段，而得到数据是最终目的。为此，第 5 章和第 6 章主要研究如何收集高质量数据问题。第 7 章主要研究针对车联网场景下，多种车辆作为数据收集单元的激励分配问题。第 8 章叙述群智感知系统的下一步工作，力图给读者以启发。最后，第 9 章对研究工作进行了总结和展望。具体来说本书的贡献包括以下四个方面。

第一，由于参加群智感知活动会消耗参与者智能设备的资源（如电量、流量等），所以需要一种激励机制来补偿参与者因收集上传数据所消耗的成本。不同于传统的传感器网络，群智感知活动中的参与者有很大的自主性和主观性，数据是群智感知活动的根本，数据来源于参与者主动的收集活动，所以激励机制是群智感知系统中不可缺少的一环。它能够鼓励参与者提供更多、更高质量的数据。所以，本书在考虑得到的数据能够最大满足感知平台要求的同时，也要考虑维持一定数量的参与者。试想如果一个感知任务耗费了参与者感知设备太多的能量，但是最后得到的回报却不能补偿其因收集数据而耗费的成本，那么参与者可能采取消极的态度去对待以后的感知任务，甚至退出群智感知活动。因此，本书设计了一个任务困难度（Difficult of Task, DoT）指数去衡量每个任务的困难程度，允许参与者根据单位任务困难度指数下回报的大小选择感知任务。另外一点，为了保证越来越多的参与者加入群智感知活动，一个参与者在一段时间内只允许进行一个任务，剩余的任务需要选择其他的参与者进行。

第二，随着科技的发展，可以收集数据的智能设备种类越来越多。比如安装了车载单元（On-Board Unit, OBU）的汽车具备了收集和分享其周围环境数据的能力。新的感知场景带来了新的问题，以往群智感知激励机制更多针对的是离线场景，这种场景要求许多参与者同时存在于感知区域。以往参与者可能步行或者使用自行车等慢速交通工具到达感知区域进行数据收集。由于参与者的移动速度慢，也就使得参与者可能在执行感知任务期间一直在感知区域。但是，如果将汽车等行进速度快的交通工具作为感知设备，那么离线场景将不再适用。这时就需要一种激励机制，在参与者来到感知区域申请执行任务之后，感知平台能够基于参与者自身属性（索要回报、信誉度等）立刻决定是否选择这个参与者收集数据。对于这种“随来随选”的在线场景，作者提出一种基于在线场景的群智感知激励机制。该机制同样考虑了感知平台和参与者双方的利益。对于感知平台来说，所提的激励机制选择可信参与者，尽可能多地收集可用感知数据。对于参与者来说，除了其索要的回报，参与者还可能根据其信誉度值得到额外的奖励，用来鼓励他提供更多的感知数据。本书所提出的激励机制在预算限制下尽可能多地选择参与者，以使更多的参与者能够得到回报。

第三，感知数据收集一直都是群智感知领域研究的重要问题之一。而数据收集问题之一便是收集的数据质量问题。如果没有足够数量的高质量数据，会导致任务发布者不再发起任务，没有了任务感知平台就不再需要选择参与者进行感知活动，最终致使整个群智感知活动停止。为了解决以上问题，本书针对道路交通环境监控系统中参与者提供的 GPS 数据，提出了一种基于单任务的感知数据质量预测方法。该方法基于真实场景设计，即参与者在不同时间以随机顺序逐一到达。当某个参与者到达，所提的方法首先会用先验质量的方式预测其可能上传的高质量数据的数量，接下来再根据预测结果和其索要的回报决定是否选择他上传数据。不同于先验质量方式中的设计信誉度更新方法，作者所提方法使用二项泊松分布（Binomial-Poisson Distribution，BPD）来对参与者可能上传的高质量数据数量进行建模。并用期望最大方法（Expectation Maximization Method，EM）来估计二项泊松分布中的参数值。

第四，群智感知最大的特点是它改变了只使用专业的传感器收集数据的方式，数据可以通过参与者手中的移动智能设备来获得，进而节省了部署传感器的成本。但是，由于感知收集数据可能干扰参与者其他活动（如打电话、发短信、日常工作和娱乐），且需要征得参与者的允许。而且，不同参与者提供的数据在精确性、时效性等方面存在着差异，意味着有些数据不能够很好地反应感知区域的真实情况。为了解决上述问题，本书提出了一种在有限任务预算下最大化数据可信度的机制。这里总体的数据可信度受两方面影响：参与者的信誉度值和他们的位置分布。高信誉度的参与者更可能提供高可信度的感知数据。与此同时，位置分布均匀可以收集全面代表区域情况的数据。所以，本书把要解决的最大化数据可信度问题分成了两个子问题：一个是选择信誉度高的参与者最大化总信誉度值，另一个是在不同格子里选择参与者来最大化感知格子的数量。本书将这两个子问题合并成一个多目标优化问题，并设计一种可信参与者选择方法来解决此多目标优化问题。

通过使用真实数据集得到的仿真结果显示，本书所提的方法能够很好地解决数据收集和激励机制中出现的问题，更好地满足感知平台和参与者双方的利益。

本书受中央高校基本科研业务费专项资金、国家自然科学基金和 2019 双一流文化传承项目资助（基金编号：2019RC52，61802022，61802027，505019221）。

作　者

目　　录

第 1 章

绪　论

伴随着传统行业同互联网平台的逐步融合，诸多领域的数据量也开始呈现爆炸式的增长，大数据时代已经真正到来。通过大数据技术，收集的数据可以实现从数字到信息再到知识的飞跃。大数据的价值不仅体现在能够改善普通人的生活和工作，推进社会经济发展，而且能够为国家提供可靠的决策依据。因此大数据技术可以提高国家竞争力成为世界各国的普遍共识。如上所述，尽管大数据技术的发展有如此多优势，它也不可避免地带来了新的问题，如数据获取方式的问题。拥有大量可用数据是大数据技术的基础，因此在传统和新型行业中如何高效收集数据以及如何从得到的数据中提取高价值的信息，是信息化技术发展至关重要的一环。对于数据的获取，如果采用诸如人工测绘等方式获取数据会有成本高、灵活性低等一系列问题，迫切需要一种新的数据获取方法来解决传统数据获取中出现的问题。

1.1　引　　言

科技的进步和创新在不断提高人们生活质量和工作效率的同时，也给人们带来了一些新的问题。比如，和人们生活最贴切的城市交通拥堵、大气环境和噪声污染等问题。要解决此类问题，一方面需要加快城市基础设施建设，提高基础设施可容量和管理、服务水平；另一方面需要从城市规划等入手，通过对当前城市人们生活出行状况的分析挖掘问题产生的根源，从而彻底解决问题。而要对已存在问题进行精确分析，就需要收集大量的相关数据（如为了解决城市交通拥堵问题，需要收集交通流量信息）。同时如果要对城市进行实时动态管理，就要求收集的相关数据有一定的实时性。

然而，要分析问题产生的根源并解决这些问题，如城市中的交通管理问题，传统的交通信息数据多来源于交通摄像头，且对实时监控或已保存的多媒体数据中包含信息的识别需要通过人工来进行，效率较低，而且受存储设备容量限制，多媒体文件通常很难得以长期保存。虽然现在智能手机中的地图应用等可以通过获取用户的状态信息来推测当前的交通状况，但这些信息大多数仅供地图应用所属公司使用，无法得到很好的统筹规划。如对比不同品牌的在线地图在相同时间、相同位置的实时路况信息，就会发现信息中存在不同程度的差异。这些差异来源于不同在线地图的路况信息贡献者，即应用的用户群体不同，且任何一个在线地图的用户群体都不可能 24 小时全天候覆盖所有地区。当面对一些突发事件时，如交通事故等，交通管理部门以及事故附近的车辆很难及时获取相关信息，从而无法及时实施救援以及缓解事故带来的交通压力。由城市交通问题推及到城市的其他问题可知，当前需要一种新的数据收集方式，为解决城市发展中出现的问题提供另外一种手段。

1.2 研究背景

物联网技术[1]的及时出现，使人们发现了数据收集的新方法。物理世界中的物体通过物联网技术接入互联网中。海量异构传感设备和其他基于"物—物"通信模式的无线传感网、自组网、互联网和数据中心等通过物联网技术结合形成一张巨大的智能网络，实现人与物、物与物之间的智能连接与实时交互，进而实现网络中物体的定位、监控、识别、跟踪和管理等功能。作为新一代通信和网络技术高度集成和综合运用的产物，物联网具有产业带动作用大以及渗透性强等特点。通过推进物联网技术的发展和应用，带动相关研究领域的发展以及技术创新能力的增强，进而对社会管理方式以及生产生活向网络化、智能化和精细化方向转变起到积极促进作用，对于推动产业结构调整和发展方式转变具有重要意义。虽然物联网是在互联网的基础上发展起来的，但是它通过和传统的普适计算、感知识别和网络互联等技术相融合，对互联网进行了扩展和延伸，实现了现实物理世界和虚拟信息世界的统一。物联网技术被评价为继计算机和互联网技术之后引领信息产业发展浪潮的主要力量。物联网技术的出现对数据收集有着重要的意义，但是又带来了新的挑战。物联网中传统的数据收集方式除了成本高，后期需要定期维护等问题之外，具体还表现在：(1) 海量传感设备的异构性要求复杂的通用、分布式布局和算法；(2) 物联网应用日渐与传感设备"松耦合"，需要动态网络优化资源的同时满足不同应用的多元信息质量要求；(3) 庞大复杂的物联网系统规模带来巨大电力消耗，如何在多网共存的物联网系统中最优调度传感设备的工作状态，提高物联网能耗效率，是节能物联网系统发展的迫切要求。

近年来由于通信、集成电路、软件和微电子等技术的飞速发展，使得从前仅有通信功能的移动终端设备已经具有了越来越强大的感知、计算和存储能力。比如，通过借助 WiFi、运营商基站和 GPS 传感器等技术设施，现在的智能手机可以在几秒内完成定位，而且定位误差在米级甚至更低[2]；与此同时，智能手机处理器的运算频率已经达到吉赫兹(GHz)级，同时存储空间也扩大到了百吉字节(GB)级别。另外，移动通信技术的发展极大地提高了移动网络的承载能力。据全球移动设备供应商协会(Global Mobile Suppliers Association，GSA)①的数据显示，截至 2017 年 1 月末，全球运营商已经签署 764 张 LTE 网络合同，覆盖 196 个国家，其中，已经商用部署的网络达到 581 个。根据中国通信工业协会(CCIA)数据②，2014 年全球移动通信基站投资规模已经达到 482 亿美元，2018 年，这一数据达到了 534 亿美元。其中，4G 网络建设将成为推动全球基站投资的主力军，亚太地区继续保持全球基站部署最多的地区，中国在亚太地区的 4G 基站市场仍占据主导地位，将拥有全球超过 65%的 4G 基站，为全球拥有 4G 基站数量最多的国家。此外下一代高速无线通信技术 5G 在 2019 年已经推出。5G 网络将使用 28 GHz 及 60 GHz 的极高频，比目前使用的频谱(如 2.6 GHz)高出很多，因此 5G 网络能提供更快的传输速度并具有很低的时延。

---

① https://gsacom.com/

② http://www.ccia.org.cn/news_show.php?id=7907

正因为智能手机和移动通信网络的发展，使得原来普通的通信工具变成了拥有强大功能的智能通信终端，也使得其成为人们日常生活中必备的一部分。现如今越来越多的人开始用手机记录自己的日常活动。由中国互联网络信息中心在2019年8月发布的第44次《中国互联网络发展状况统计报告》[3]中指出，截至2019年6月，我国手机网民规模达8.47亿人，较2018年年底增加2984万人。报告中还指出，我国网民中使用手机上网人群的占比由2018年的98.6%增长至99.1%，提升了0.5个百分点，网民手机上网比例在高基数基础上进一步攀升。

与此同时，平板电脑、可穿戴设备甚至无人机等新型智能设备的出现，进一步扩大了智能设备的范畴。据市场研究机构国际数据公司IDC《中国可穿戴设备市场季度跟踪报告，2019年第三季度》[4]显示。2019年全年中国可穿戴设备市场出货量到达2715万台，同比增长45.2%，其中智能可穿戴设备出货量为618万台，同比增长75.5%。IDC同时预测2023年中国可穿戴设备出货量将接近2亿台。除了智能设备，如今一些传统的设备也都具有感知、计算和通信能力。比如，越来越多的汽车都安装了车载单元（On Board Unit，OBU），其中带有GPS、速度和加速等传感器可以收集车辆自身的信息并传递给外部设备进行分析。

1.3 群智感知网络

在第1.2节所介绍的背景下，随着智能终端的普及，无论在数量上还是在传感器精度上，智能终端已经具备了可以替代传统传感器收集数据的能力，而这促使研究人员提出了一种新型的数据收集方式，即群智感知（Crowd Sensing，CS）[5]。不同于传统的传感器网络需要先部署后收集数据，群智感知活动在收集数据之前不需要安装固定的传感器，而是将拥有智能终端的用户作为感知节点，并将其设备中所配置的传感器作为感知单元，让终端用户使用自己的智能设备去收集和上传（分享）其附近的环境数据。具体来说，相比于传统传感器收集数据的方式，群智感知有如下优点。

（1）数据收集之前的部署成本更低。首先，由于智能终端已经大范围普及，使得群智感知数据收集活动不需要专门部署。然后，收集数据的用户具有移动性，可以到达各个地方去收集数据。最后，通过近距离传输的方式（如ZigBee、蓝牙等）可以使感知设备之间相互转发存储数据，通过间歇性的传输模式传输感知数据。

（2）收集的数据更具有多样性。由于智能终端安装了多种类的传感器，使得其可以收集多种不同类型的数据；另外，拥有大量潜在可上传数据传感器的群智感知系统可以通过招募持有不同设备的用户实现数据收集的多样性。

（3）数据收集之后的维护更易。由于收集数据的设备被其持有人拥有，这些设备由其所有人进行维护，这使得群智感知系统不需要考虑设备维护的问题。而且，用户将其智能设备更新换代的同时，相当于群智感知系统更新了更为先进的数据收集设备。

群智感知系统结构如图1-1所示[6]。根据感知平台的要求，用户利用智能设备中的多种传感器（比如加速器、陀螺仪、电子罗盘、重力感应器、GPS、摄像头和麦克风、光纤传感器等）在需要感知的区域收集自己周围环境的各种数据，并将收集到的数据通过多种通信方式（比如4G/5G/LTE网络、蓝牙、WiFi等）传递给感知平台，感知平台收集到的数据经过分析之后传递给上层应用，最终实现服务大众的目的。

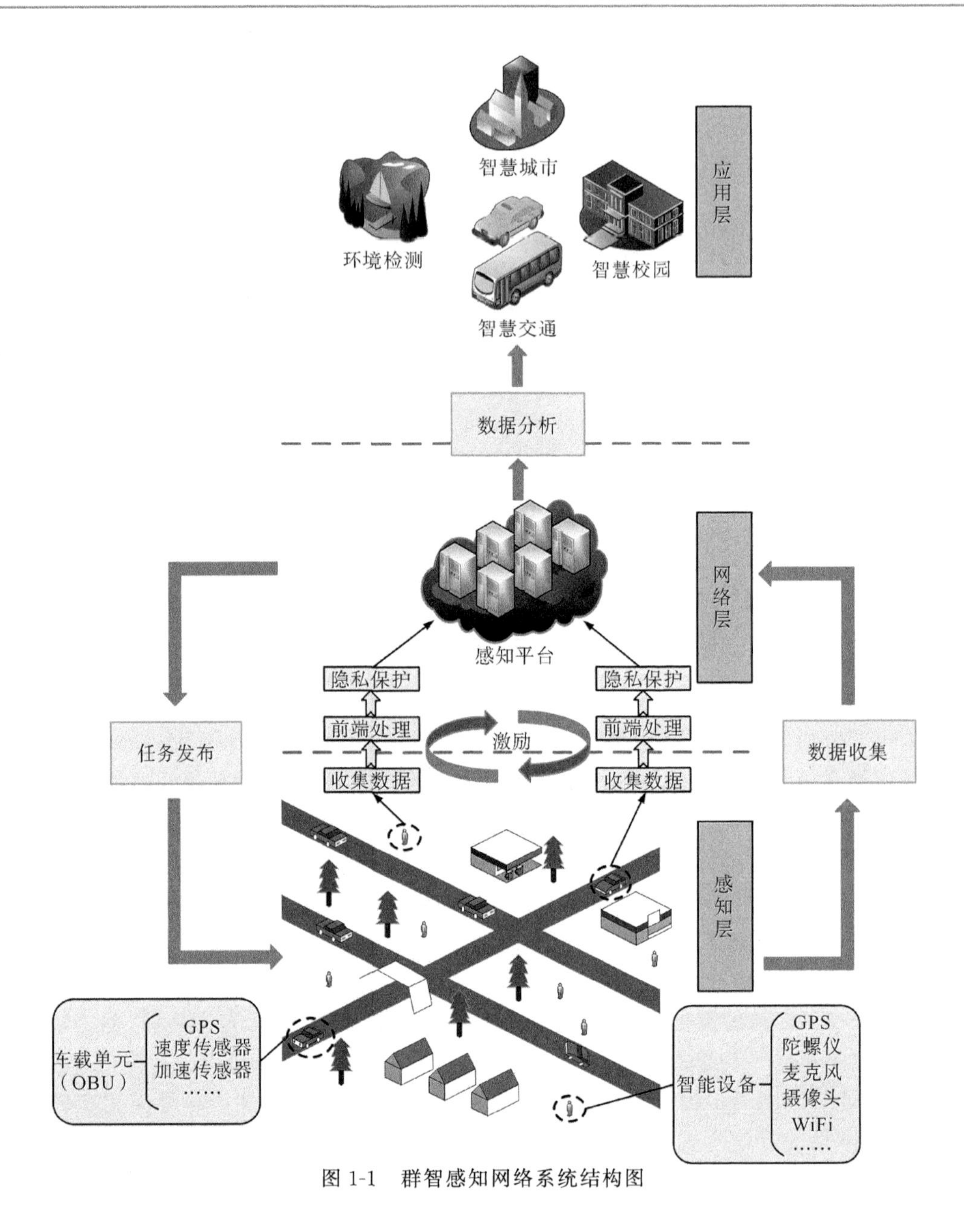

图 1-1　群智感知网络系统结构图

1.3.1　群智感知典型应用

由于群智感知与生俱来的优点，使它成为了物联网中重要的感知手段之一，群智感知的应用已经涉及许多领域，如下所述。

（1）公共安全。通过使用参与者所携带智能设备中的蓝牙传感器扫描周围可连接配对的设备数量，借此快速估计公共场所人群密度，达到防止发生突发安全事故的目的[7]。感知平台GigaSight 通过从不同参与者上传汇集来的图片、视频信息中筛选人的面部特征，用来帮助刑侦人员寻找犯罪分子或者寻找丢失的孩子[8]。

（2）智能交通。通过群智感知方式，结合使用不同的技术帮助驾驶员动态规划路径，以避

免交通拥塞[9-11]。通过使用摄像头和GPS等检测识别道路标识、交通信号灯、道路交通标志等,得到的数据用来作为辅助驾驶、汽车导航甚至无人驾驶等系统的辅助参数[12]。

(3) 环境检测。如绘制城市噪声地图的应用,其根据用户通过智能设备收集并上传的噪声数据绘制噪声地图[13,14]。检测河流污染的环境检测应用,通过用户使用智能设备拍摄的河流图像,然后与河流流速、水位以及河流中漂浮垃圾的数量的问题一并上传给感知平台,实现对河流环境的监测[15]。

(4) 城市管理。如使用群智感知帮助驾驶员寻找停车地点,通过使用智能设备的磁力传感器以及电子地图需要街道中免费的停车场[16];通过参与者上报空闲停车场位置信息,帮助其他参与者找到可用的停车地点[17]。

如图1-2所示,群智感知系统中有三个基本元素,即任务发布者、感知平台和参与者。任务发布者向感知平台发布感知任务并提供预算。感知平台在接到任务后,作为任务发布者和参与者之间的中间件,选择参与者收集数据并给予相应的回报,并将参与者提供的数据经过处理返回给任务发布者。参与者从感知平台接受或者申领任务,然后按照感知平台的要求收集并上传数据,最后得到回报。

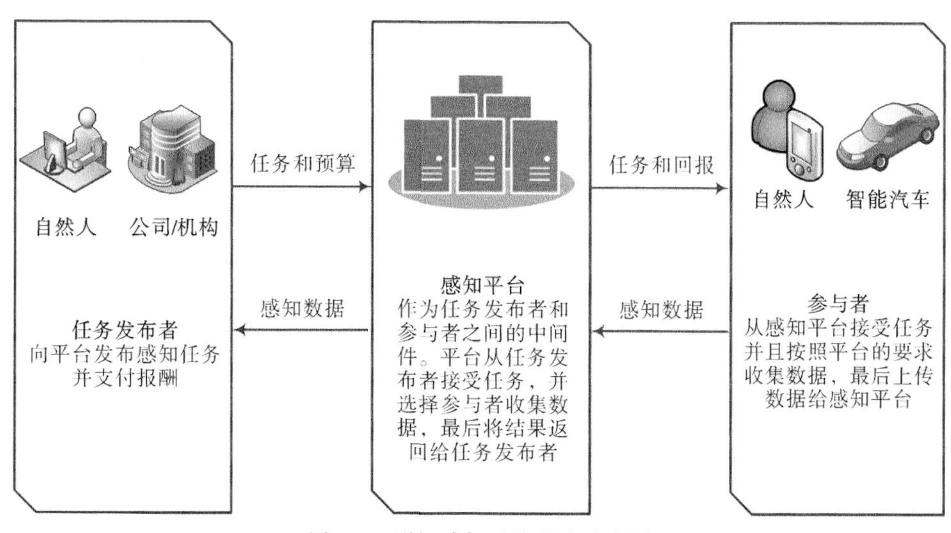

图1-2 群智感知系统基本流程图

1.3.2 群智感知主要研究内容

群智感知是一个新兴起的研究领域,其在理论基础、实现技术以及实际应用等方面依然面临着传统传感器网络不曾遇到的诸多挑战[18]。目前,学者对群智感知领域的研究主要集中在以下几个方面。

(1) 感知平台建设

作为群智感知中连接任务发布者和参与者的中间件,感知平台设计的好坏直接关系到群智感知活动能否成功进行[19]。现阶段已有的群智感知应用中都有部分重叠或者相似的功能,而这些重复的功能会导致感知平台需要收集相同或者相互关联的感知数据。如果采用“小作坊”似的方式设计开发感知平台,那样不仅会降低开发效率,而且会造成资源的浪费,所以设计

开发通用型的感知平台是十分必要的。一般情况下，感知平台采用集中式的设计方式，其对感知任务的处理需要考虑预算分配、参与者选择或任务分配、激励机制、能耗控制和数据处理等方面。

(2) 高质量数据收集和参与者选择策略

在群智感知中，由于任务发布者以及感知任务的属性不同，导致感知平台得到的预算也不尽相同。加之不同感知任务属性会造成需要的数据属性也不同，如感知数据对应的起始时间、收集地点、数据种类等。另外，由于群智感知是依靠普通人作为参与者收集数据的活动，而且不同参与者所使用的感知设备也可能不同，不同于部署专业的传感器收集数据，不同智能设备内置传感器性能存在一定差异以及人为上传虚假数据等情况，这就造成了参与者所收集数据的质量不尽相同。加之如果没有策略地选择参与者收集数据，可能会造成数据冗余的出现。所以要在选择参与者和上传数据之前制定策略，以达到任务发布者的要求。参与者选择策略一般会根据预算、数据的数量和质量等要求制定。

(3) 激励机制

由于群智感知是需要普通大众共同参与提供数据的活动，对于感知平台来说，其需要发动参与者去主动收集数据并且乐于上传数据；而对于参与者来说，不同于部署专业的传感器收集数据，人们有自己的意愿和习惯。每个人的活动时间和路线等往往有着很大的不确定性和随机性，加之收集数据除了不可避免地会打扰其日常使用智能设备进行工作和生活的规律，也会给参与者造成经济上成本的增加，比如，电量和网络流量消耗等。这些原因可能会导致数据不能及时收集以及难以达到所要求的数量。基于以上原因，群智感知需要激励机制来策动参与者加入群智感知系统中，并且乐于上传数据。

(4) 资源优化

感知数据来源于参与者的智能设备，而这些设备往往都存在着资源有限的问题，比如，智能手机、可穿戴设备、无人机等都有电量限制，带有传感器的汽车等交通工具有油量或电量限制等；另外，由于有限的预算以及参与者因为参加感知活动要求补偿成本。以上原因使得群智感知系统需要考虑资源合理利用的问题，系统根据参与者所用感知设备的属性，选择参与者或者分配适合参与者的任务，合理使用资源。

(5) 隐私保护

许多群智感知应用将注意力放在了如何获得大量感知数据的问题上，而忽视了感知数据可能包含了参与者的个人隐私。当群智感知中的参与者提供自己的感知数据时，收集到的数据可能会向他人泄露参与者个人的敏感信息。比如，基于 WiFi 和蜂窝网络的三角定位法可以定位参与者的具体位置，还有有些群智感知系统需要参与者的 GPS 轨迹信息。随着民众安全意识的提高，人们越来越重视自己的隐私问题，而传统的群智感知技术中，群智感知系统平台需要获取参与者的设备信息(如传感器信息等)、当前位置等以便制定参与者选择方案，这就可能会造成参与者个人信息的泄露，但如果不获取这些信息，群智感知系统平台很难对参与者的数据采集行为进行预测，进而会影响最终收集数据的时间、空间分布属性，从而很难满足任务的数据需求。目前群智感知中隐私保护主要采用的手段包括使用可信第三方保护参与者信息，或者使用匿名、模糊感知数据等方式隐藏参与者的真实身份、降低数据的精确度。

本书主要围绕群智感知中激励机制和数据收集相关问题展开研究，在研究过程中涉及资源优化、参与者选择等内容。

1.4 激励机制与数据收集策略考虑因素

作为群智感知研究内容的重要组成部分，激励机制与数据收集策略需要考虑多方面因素[20]。这是因为，首先，由于参与者对不同感知任务的认可程度和各个感知数据收集工作对其正常活动的影响不尽相同，造成了不同参与者对参加同一感知任务以及同一参与者参加不同感知任务的意愿强烈程度不相同。其次，不同参与者的可信度也不相同，这是因为参与者自身收集数据的熟练程度、专业性和诚信度，以及其使用的智能终端设备内置传感器的精度各不相同。再次，虽然参与者的日常活动可能有规律可循（如每天上班的路径），但是不排除出现一些随机性，造成了感知数据收集工作的不可控性。为了解决以上问题，需要为群智感知系统根据感知任务的需求和参与者的特点，制定相应的激励机制与数据收集策略，从而降低对感知数据收集工作不利因素的影响，以达到完成感知任务的目的。

如上所述，群智感知系统由任务发布者、感知平台和参与者这三部分组成，每当任务发布者通过感知平台发布任务，感知平台会在感知区域内选择出一定数量的参与者进行数据收集任务。感知数据的种类可能是参与者身处的地理位置以及类似于气温、噪声等环境参数。因为各个感知任务需求的感知数据类型、数量等不相同，再者同一感知区域的不同时间段内参与者的数量以及自身情况也不相同，这就需要感知平台为不同的感知任务制定相应的激励机制与数据收集策略。在制定策略过程中，感知平台需要考虑的因素会因为任务性质的不同而改变。这里我们总结了激励机制与数据收集策略研究所考虑的因素，并通过感知平台和参与者两方面阐述。

1.4.1 感知平台方面因素

在感知平台需要根据任务的需求和预算来发布感知任务，其中任务需求包括数据分布、数量等方面的需求[21]。这些都是在制定激励机制与数据收集策略时必须要考虑的因素。

(1) 感知任务预算

参与者在进行感知任务中会影响其日常活动，而且也会消耗其设备的电量、网络流量等资源，因此感知平台需要给予参与者一定的奖励来补偿其因参加感知任务而造成的损失。但是任务发布者往往只能够提供有限的预算，这就使得感知平台需要根据任务的预算制定激励机制策略，合理地支出预算[22]。

另外，由于参与者的高度自主性，使得不同参与者针对同样的感知任务会有不同的激励需求，这就要求感知平台根据外界条件和预算合理地选择参与者。对于要求较高回报的参与者，如果其处于参与者数量较多的繁华区域，那么感知平台可以选择该地区其他要求较低回报的参与者代替其提供感知数据。但是如果其处于参与者数量较少的偏僻区域，感知平台为了提高感知任务的总体质量，就不得不选择其提供感知数据。这种“人以稀为贵”的问题会导致感知平台在预算分配的过程中难免会出现“同工不同酬”的现象，但是感知平台在预算范围内仍然尽可能地坚持选择性价比最优的参与者完成感知任务，以达到提升感知任务的完成度、降低感知数据的冗余率，同时降低感知数据收集成本的目的。

(2) 感知数据需求

不同的任务发布者针对同样种类的感知任务或者不同种类的感知任务,无论哪种情况,其对感知数据的需求往往不尽相同[23]。通常感知数据需求主要包括三个部分,即感知数据的精度、数量以及时空分布程度。

任务发布者需要的是可用的数据,数据精度必然是最重要的需求之一。感知数据的精度除了受各个感知任务的需求影响外,还受到如环境、参与者收集数据的熟练性和智能终端内置传感器性能等多方面因素的影响。对于来自环境的影响,可以通过从已有的相关信息中提取数据进行矫正,如可以在天气预报、新闻和微博等相关信息中提取到需要的环境信息。对于来自参与者自身的影响,就需要根据参与者一些属性与感知数据的需求综合考虑。对于智能终端内置传感器性能的影响,需要用已有的诸如回归等方法进行矫正。

感知数据数量作为数据需求的另外一个组成部分,这是因为,低精度感知数据可以通过一定数量的感知数据通过计算来弥补(最简单的方法即加权求平均法),进而提高感知数据的整体精度;另外,任务发布者可能需要一定数量的数据。感知数据的数量要求往往和预算是分不开的。

感知数据的时空分布程度即将感知任务需求的一定数量的感知数据在时间、空间两个维度进行一定粒度的划分。通过收集不同时空分布的数据可以达到数据精度的要求,也可以通过机器学习等方法找到规律,进行数据补全或者预测等工作。

1.4.2 参与者方面因素

作为感知数据收集工作的执行者,参与者在群智感知活动中具有高度自主性和不可控性。这就造成了选择不同组合的参与者,最终感知任务的完成度可能会有较大的差异。所以,为了使感知任务顺利进行并且完成度高,需要感知平台考虑参与者如下的一些属性。

(1) 参与者位置和移动轨迹

在群智感知中,参与者的位置主要指当前位置,轨迹主要指历史轨迹。参与者所在的位置和移动轨迹会影响到感知平台预算的分配以及所收集数据的质量。但由于参与者的移动轨迹是其历史轨迹,这就需要对其未来行动路线进行预测,以评估其对感知任务潜在能提供的贡献。而研究[24,25]发现人类的活动行为具有一定程度的时空规律性,为预测未来行动轨迹提供了切实可行的理论依据。现在已有很多基于无线蜂窝网络和 GPS 等预测轨迹的研究,如研究发现电信运营商收集的大量用户移动轨迹也可以用于参与者的轨迹预测[26]。另外,利用马尔科夫模型[27]或者基于莱维行走[28]等方法,用参与者历史的若干轨迹点作为依据预测其未来的轨迹。而上述大部分研究工作都通过参与者的当前位置和参与者的历史轨迹来预测参与者的未来轨迹,其主要过程可分为两个部分,即通过历史轨迹信息训练轨迹预测模型,以及根据轨迹预测模型、参与者的当前位置和历史轨迹进行预测。

(2) 激励需求

参与者向感知平台提供感知数据的前提就是可以获利,参与者会根据主观感觉以及其客观的感知能力、位置等向感知服务平台提出其对感知任务的激励需求。在群智感知系统中,感知平台会根据参与者智能设备的感知能力和其所处的位置等因素计算其提供的潜在贡献并分配预算,如果分配的预算满足参与者内心的激励需求,参与者可能会接受感知任

务，因此感知服务平台需要将参与者的激励需求作为评估参与者对感知任务潜在贡献的标准之一。

(3) 感知能力

参与者收集数据所使用的智能设备中传感器的类型和感知数据的种类是对应的，只有用对应的传感器才能收集到感知平台所需要的感知数据，如麦克风收集音频，摄像头收集图像图片等。另外，由于各个智能设备生产厂家所使用的传感器品牌不同，使得不同品牌智能设备收集相同种类感知数据时可能得到不同精度的数据，这也反映了感知能力的不同。对于需要专业性的感知任务，需要参与者有一定的专业技能或有一定专业性的智能设备，这些要求使得感知平台更加需要考虑参与者的感知能力。

(4) 信誉度

信誉作为一种评价机制在金融、教育等领域一直被广泛使用，诚信机制的建立可以有效地约束人们做出非违法但违道德的行为。信誉度也作为群智感知系统中选择参与者所考虑的因素之一，可以起到减少参与者做出不规范行为的作用(如不根据感知任务的要求收集数据甚至上传伪造的感知数据等[29,30])，进而保护群智感知系统。信誉度较高的参与者虽然不能够每次都提供满意的感知数据，但是他提供高质量数据的可能性还是高于信誉度低的参与者。参与者信誉度是一个不断更新的变量，感知平台根据参与者的行为对其信誉度进行更新。这就使得感知平台在评估参与者对感知任务的潜在贡献时可以将参与者的信誉度作为评估标准之一，也可以在感知任务结束后根据信誉度计算参与者应得的任务奖励。

(5) 智能设备剩余电量

随着科技的发展，智能终端设备越来越小型化、便利化，为了达到这个目的，各个厂商在设计设备时不再考虑用户自行更换内置电池行为。但是现在电池技术的发展相对比较落后，通过内置锂电池提供能量的设备续航时间通常不会超过一天。参与者使用自己的智能终端设备收集和上传感知数据，特别是体积较大的多媒体数据，将大大缩短设备的使用时间，从而对参与者的日常活动产生不利的影响，进而降低参与者对感知任务的参与意愿。所以智能设备电量也需要作为选择参与者所考虑的因素之一[31]。

1.5 本书主要工作与贡献

群智感知系统中由参与者负责采集感知数据，感知平台再将加工后的数据提供给任务发布者，最后任务发布者使用各种方式将提炼的信息反馈给广大群众，造福广大群众的生活和工作。群智感知一方面体现了“众人拾柴火焰高”的特点，另一方面也体现出了“人人为我，我为人人”的特色。虽然国内外出现了许多与群智感知相关的研究成果，但是相对于传统的无线传感器网络，群智感知的研究仍然处在起步时期，新的理论和研究尚需要研究人员进一步挖掘。在应用方面，随着如智能手机、智能手表、iPad、无人机等便携式智能终端的普及以及便携式传感器类型和功能的增加，使群智感知技术能够更好更全面地对周围环境进行感知，进而可以广泛地用于社会知识发现、智慧交通、国家公共安全事件监测等国计民生的重大问题和领域[32,33]。但是群智感知系统又面临着感知数据量大、种类多、质量参差不齐、感知设备能量和任务预算受限、参与者意愿的未知性、数据定价方式混乱等诸多问题。这些问题已经成为制约群智感知领域取得突破性进展的根本瓶颈，亟待理论和方法创新[12]。

考虑到群智感知的研究情况，本书从群智感知激励机制和数据质量这两大方面进行了研究。针对激励机制和数据质量的研究是群智感知领域重要的研究内容。群智感知依赖参与者的智能设备所具备的各种传感器和计算能力等来进行感知。为了保证所收集的感知数据质量，需要基于系统和参与者的属性（如系统状态、预算、任务的时空分布、参与者的信誉度等）进行研究，进而选择最为合适的参与者提供高质量的数据。又如上所述，广大参与者的智能设备是高质量数据的来源，要得到高质量的数据，首先要保证足够的数据量。一方面感知平台拥有足够的数据量，可以增加得到高质量数据的概率；另一方面，如果没有数据，也就根本谈不到数据的质量，所以数据的量是质的前提。另外，感知活动的约束力较弱，参与者凭自己的意愿选择是否参加感知任务，感知任务的难易程度和激励的额度也会在很大程度上对参与者的决定产生影响；再者，由于不同智能设备的电量和传感器种类不同，以及参与者所处的位置等因素，也会对参与者是否愿意参加感知任务产生影响。这就要求在感知系统中建立激励机制，通过鼓励参与者，使感知平台得到更多高质量的数据。发挥激励机制合理分配预算等资源的作用，一方面保证所收集的感知数据质量；另一方面激发参与者的活跃度，使其愿意持续参与感知任务，并能够在没有或者只有少量数据的地区收集并提供数据。

在激励机制研究方面，如按照任务数量进行划分，本书提出了基于多任务和基于单任务的激励机制，按照任务种类和数量差异分别设计了不同的满足参与者回报要求的激励机制；如按照场景进行划分，本书提出了基于离线和在线场景的激励机制，针对不同场景使用不同的方法选择参与者并给予回报。所提出的激励机制兼顾感知平台和参与者双方利益的激励机制，即感知平台得到相对较多的高质量感知数据，同时被选择的参与者得到满意的回报。在数据质量方面，除了根据参与者历史提供数据质量来直接收集高质量数据外，本书还提出使用参与者信誉度值作为其能够提供高质量数据的依据，通过直接选择可信参与者，进而间接地得到高质量数据。通过真实数据的实验验证了本书提出的理论和技术的可行性和有效性。本书的主要工作和学术贡献包括以下几个方面。

（1）作为群智感知中最重要的研究问题之一，激励机制在确保感知数据数量以及数据覆盖率、准确性等方面有着不能忽视的作用。作者对群智感知中的关于激励机制的相关工作进行综述，从理论框架、应用和系统实现等方面对已有研究成果进行了分析。

（2）针对感知平台同时处理多个任务并考虑能耗情况下如何激励参与者问题，为了选择可信参与者，使感知平台得到高质量数据，本书作者首先为群智感知系统提出了一个信誉度定义和更新的方法，将参与者的意愿和数据质量作为衡量参与者信誉度值的标准。接着使用信息质量满意度指数来量化所收集数据的数量、粒度和数量满足信息质量要求的程度。本书使用任务困难度指数帮助参与者选择单位能耗下回报最多的任务，并把被放弃的任务重新分配给新的参与者，以使更多的参与者得到回报。同时，为了最大化收集数据的质量和参与者的回报，本书设计了一个多目标优化问题，并用启发式方法得到次优解。

（3）针对参与者使用类似于汽车等行进速度快的工具作为感知设备所造成的不会同时参加感知任务这个问题，本书作者提出了在线场景下的激励机制，感知平台需要根据参与者有限信息立即决定是否同意其收集数据。在线激励机制也为感知平台选择参与者提供了更多的灵活性。为了计算出参与者提供的真实边际效用，本书用参与者的信誉度预测其提供感知数据的质量，并使用单调子模函数表示感知平台效用函数。本书考虑了感知平台和参与者双方的

利益。除了感知平台能够得到最大化效用，激励机制一方面尽可能多的选择参与者，使更多的参与者能够得到回报；另一方面，被选择的参与者也可能得到额外的奖励。为了这一目的本书提出了一种预算和回报分配方法去决定参与者最终得到的回报。

(4) 针对收集数据质量问题，本书作者为群智感知系统提出了一个基于单任务的感知数据预测方法，方法考虑了参与者的回报和可能上传的高质量数据的数量。本书使用二项泊松分布来对参与者可能上传的高质量数据的数量进行建模，并用二次迭代算法估计分布中的参数值。通过使用真实数据集并和其他方法比较，进一步验证了所提算法的准确性和优势。

参与者的选择是感知数据收集的关键，可信数据来源于可信参与者，选择可信的参与者能从根本上提高感知数据所提供的多元信息质量，同时尽可能地减少群智感知网络的资源消耗。这里参与者信誉度值被用来衡量参与者的可信度，并用参与者的意愿和数据质量作为量化参与者信誉度值的标准。本书提出了一个多目标优化问题，这个优化问题的目标是最大化被选择参与者总信誉度值和被感知的格子的占有率。本书使用真实数据集来验证所提算法。通过和其他方法比较可以看出，所提算法更能够提高数据可信度。

第 2 章

群智感知激励机制与高质量数据收集研究分析

近年来，群智感知相关研究在学术界保持着相当高的热度。国内外学术界对群智感知问题的研究方兴未艾，虽然其中一些关键科学问题国内外已经有人研究，但是都有些不足之处。比如，由于群智感知最主要的目的是收集可靠数据，因此研究者想到用“信誉度”来衡量其意愿和提供的数据质量，例如，文献[33]考虑了参与者的信誉度，利用冈珀茨函数（Gompertz function）来更新参与者信誉度值，但是他们都没有考虑到平台预算和每个参与者索要激励回报的问题。群智感知是以参与者收集数据为基础的服务，为了保证群智感知服务能够持续地运行，系统的激励机制需要为群智感知任务的参与者提供一定的奖励，以补偿其因为收集数据而造成的设备消耗；另外参与者提供的数据质量也不尽相同，系统能否持续获得高质量的数据要依赖于激励机制的作用。当前群智感知系统中感知平台如何能在付出最少成本的条件下，在质和量两方面获得满意的感知数据，是激励机制研究必须要解决的一个重要问题。反过来说，设计激励机制是为了使感知平台最后能得到足够数量的高质量数据，得不到有用数据也就无法使激励机制顺利地持续运行，即激励机制与高质量数据收集密不可分。本章介绍已有的群智感知激励机制与高质量数据收集方面的研究，按照不同的侧重点，本章从理论框架、应用和系统实现这些方面来详细介绍。

2.1 引　　言

群智感知的概念并不是从一开始就提出来的，它有一个逐渐演变和归类的过程，总体来说，群智感知分为参与式感知（Participatory Sensing，PS）[34]和机会感知（Opportunistic Sensing，OS）[35]。参与式感知和机会感知的明显区别在于感知平台在收集数据之前是否需要经过参与者的同意。参与式感知中参与者主动权较高，其最大的问题是造成了收集到的数据数量多数情况下不能满足任务发布者的要求，导致感知平台需要利用激励机制等方法鼓励参与者参加感知任务。而机会感知中参与者可能无意识地参加了感知任务，提供了感知数据，其最大的问题是容易造成参与者的隐私泄露。除了参与式感知，研究人员提出过“众包（crowdsourcing）”这个概念[36]，即任务通过互联网分发出去，用于收集一些创意或者解决一些问题。比如亚马逊公司的“土耳其机器人（Mechanical Turk，MTurk）”就是类似于这样性质的网上应用。一般来说，众包和参与式感知有异曲同工之处，但是参与式感知收集数据的种类更广，而且更灵活，所以把众包归类于参与式感知范畴[37]。本书主要针对群智感知中的参与式感知和众包中出现的一些问题进行研究。

群智感知最大的特点是它不仅仅利用专业传感器收集数据，更多的是利用参与者的移动智能设备来收集数据，这种数据收集的方式虽然可以节省部署开销，但由于感知收集数据可能干扰参与者其他活动(如电话、短信、日常工作和娱乐)，且需要征得参与者的允许，所以参与者是否愿意收集数据、数据的质量都是不可控的。为了使任务发布者得到高质量的数据，激励机制是群智感知系统中不可或缺的一环。这是因为广大参与者的智能设备是高质量数据的来源，要得到高质量的数据，首先要保证足够的数据量。一方面感知平台拥有足够的数据量，可以增加得到高质量数据的概率；另一方面，如果没有数据，也就根本谈不到数据质量，所以数据的量是质的前提。另外，感知活动的约束力较弱，参与者凭自己意愿选择是否参加感知任务，感知任务的难易程度和激励的额度也会在很大程度上对参与者的决定产生影响；再者，由于不同智能设备的电量和传感器种类不同，以及参与者所处的位置等因素，也会对参与者是否愿意参加感知任务产生影响。这就要求感知系统中建立激励机制，通过鼓励参与者，使感知平台得到更多高质量的数据。发挥激励机制合理分配预算等资源的作用，一方面保证所收集感知数据的质量；另一方面激发参与者的活跃度，使其愿意持续参与感知任务，并能够在没有或者只有少量数据的地区收集并提供数据。文献[38]提出，如果没有合适的激励，让个人向公众提供私人信息是不明智的。在群智感知系统中，激励机制主要面临的问题是[39]：(1) 如何去招募更多的参与者并使他们持续地提供感知数据；(2) 如何去估计他们的贡献。对于第一个问题，可以站在参与者的角度来理解，设计激励机制要考虑参与者的需求、目的以及他们所关心的其他方面[40]。也就是说，激励机制要提供给参与者一个方便、安全和公平的系统。第二个问题需要站在任务发布者和感知平台角度来理解，由于不同的任务要求不同的持续时间和感知数据质量[41]，设计激励机制需要考虑如何能用有限的预算去收集到足够的高质量数据。

本书主要研究的是群智感知活动中考虑数据质量的激励机制问题，即针对收集的数据一方面要考虑其数量，另一方面要考虑其质量。本节主要从激励机制以及高质量数据收集这两个方面概述相关研究的现状。

激励机制是群智感知系统不可或缺的一个重要部分。文献[28]提出一种基于竞价的激励机制，该机制根据参与者许诺提供数据的数量来计算参与者应该得到的回报，并通过竞价方式选择合适的参与者，进行数据收集。文献[29]提出了一种基于逆向竞价的群智感知激励模型，其根据要收集数据的所在区域的时空属性来分析和激励参与者高质量地完成感知任务。文献[30]针对这样一种场景，参与者会先收集数据，然后感知平台会根据参与者收集数据的努力程度(数据的数量等)给所有参与者相应的回报。文献[31]提出一种社交激励机制，相比直接给予参与者回报，文献提出将回报分配给参与者的社交朋友，这样每个人都会鼓励其社交朋友多提供数据以使自己能够得到回报。文献[32]提出激励机制旨在预算的限制下最大化被感知区域的面积，文献利用参与者提供数据所能创造的边际贡献值以及其所要求的回报值作为依据，进而选择合适的参与者去完成感知任务。文献[33]针对有时效性和位置要求的感知任务。该文献提出这样一种激励机制，感知平台会根据参与者的历史情况预测参与者对任务感兴趣的程度，进而调整预算，如果参与者对任务比较感兴趣，那么可以减少给参与者的回报，反之则增加回报。文献[34]在感知平台和参与者之间加入了社交 App，利用社交网络传递感知任务。文献中依旧使用逆向竞价的激励方式来选择参与者进行感知任务。文献[35]依然使用逆向竞价的激励方式选择参与者，不同于其他文献，该文献将各个任务分配了一个权重，结合参与者的报价，感知平台会选择单位权重下要价最少的参与者去完成任务。文献[36]考虑了群智感知系统可能会受到 sybil 攻击，即会有参与者假装多个用户来骗取回报，进而阻碍激励机制顺利地进行。针对这样的场景，文献提出了一种可防止 sybil 攻击竞价激励机制，即参与者假装多个用户得到的回报总和要小于参与者单独身份获得的回报。

考虑数据质量的激励机制展开了激励机制研究的新篇章。文献[37]提出一种基于数据质量的激励机制，其使用最大似然估计参与者提供数据的出错率，并使用期望最大化（Expectation Maximization，EM）算法来计算得出最大似然估计中的参数值。对于参与者的回报，文献提出参与者的努力和数据质量成正比，数据质量越高，其努力程度越高，进而回报越多。文献[38]研究的主要目的是在预算的限制下最大化感知区域的覆盖率，即最大化整体质量。文献提出基于参与者的历史运动轨迹预测其未来的运动路线，然后使用暴力算法估计感知平台能收集到数据的整体质量和支出，根据此设置最合适的预算以便得到最大的数据质量。文献[39]提出一种保障数据质量的群智感知系统，该系统考虑参与者历史上提供数据的质量，将其称为信息质量（Quality of Information，QoI），通过信息质量值以及参与者参加任务的报价，利用逆向竞价的方式选择参与者。在文献[29]的基础上，作者在文献[40]中又考虑了数据质量问题，其利用模糊逻辑系统对参与者提供的数据进行主客观的评价，进而希望得到高质量的数据。

本章从理论框架、应用和系统实现这些方面来具体介绍已有的群智感知激励机制与高质量数据收集的研究。

2.2 理论框架

考虑数据和回报交易过程不同，激励机制方法又可以分为两类：即先决定价格方法和先上传数据方法，它们的交易过程如图 2-1 所示。从图中可以看出，先决定价格方法的流程要比先上传数据方法烦琐。考虑使用激励机制的不同目的，文献[42] 将激励机制方法分成两类：一种是以参与者为中心的方法，着重考虑如何能招募更多参与者，并使他们持续地提供数据；另一种是以感知平台为中心的方法，着重考虑如何能使感知平台收集的数据有“质”也有“量”，并且减少成本。

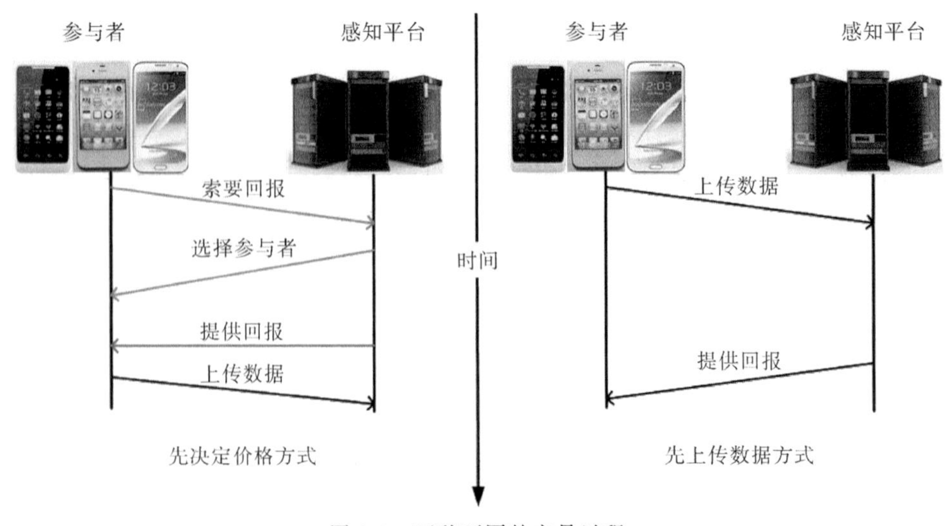

图 2-1　两种不同的交易过程

考虑到不同文献对群智感知研究的侧重点不同，数据质量衡量方法可以分为统一的数据质量和分化的数据质量。所谓统一，即是感知平台将收集的数据当作拥有相同的质量；而所谓分化，即是按照任务发布者的要求将收集的数据按照质量高低进行划分。由于现在多数群智感知系统采用“先决定价格”的方法来组织参与者上传数据。这种方法的局限性造成感知平台需要制定一种策略来保证收集到高质量的数据。总的来说，按照验证顺序不同，现阶段有两种收集高质量数据的方案：第一种方法先收集数据，然后根据收集的数据再来验证它们的质量[43,44]，我们把这种方法称为“后验质量”方式；另外一种方法是“先验质量”方式，比如文献[33,45]使用参与者信誉度来衡量每个参与者的可信度进而选择高信誉度的参与者上传数据。

接下来我们先介绍激励机制中采用不同框架的研究成果，后介绍高质量数据收集方面的研究成果。

2.2.1　不同优化目标

接下来我们先介绍激励机制研究中以参与者为中心的方法，然后介绍以感知平台为中心的方法，最后将这些研究进行比较。

1. 以参与者为中心方法

文献[46]为了克服其提出的上一个激励机制的缺点，即反向竞价中只关心价格，导致那些提供高质量数据但是索要高回报的参与者没有被选择的机会[47]。针对这一缺点，该文献提出一种激励策略，当参与者未被选中，感知平台会给该参与者一定的积分 v，等到他再向感知平台索要回报 o 时，他的报价会变成 o-v。由于索要的回报变低了，参与者被选中的概率相应的变大。当他被选中时，感知平台还是会给他索要的回报 o，而且他的积分 v 会被清零。然而，这种方法的缺点是，如果参与者一直索要一个高回报，那么不管他提供的数据质量怎么样，他都可能会有一次被选中，而这对于长期索要低回报的参与者来说是不公平的。

基于逆向竞价和其他竞价的激励机制被称作“胜者全拿(winners take all)”[48]。也就是说，感知平台只关心是否能用低成本得到高质量的数据，获胜的参与者得到全部回报，而失败的参与者不但浪费了设备资源而且还什么都得不到。所以文献[48]提出了一种称为“Top-k原则”的机制。该机制首先让参与者参加资格预审来选择出合格的参与者，然后再在这些合格的参与者中按照任务的属性和参与者的排序选择出前面若干个参与者参加感知任务。

文献[49]提出了一种以参与者为中心的激励方案，该方案规定只有在预算限制下选择出足够的参与者之后，才能进行感知任务。文献提出了两种群智感知活动方案，即单纯的数据收集应用和分布式计算应用。通过理论推导，文献提出如果感知平台可以知道参与者的成本，那么其可以用最少的回报吸引足够的参与者，而如果参与者愿意分享他的私人信息给感知平台，那么参与者可以获得更多的回报。

文献[50]提出传统的竞价方式收集数据并没有考虑数据的质量问题。这不利于提供高质量数据的参与者，因为收集高质量数据往往需要投入更多的成本，也就导致回报偏高。文献提出了一种多属性拍卖方法，该方法通过考虑收集数据的多方面因素，将数据的各个属性量化，用总量化值作为选择参与者的依据，其量化函数为

$$S(x)=\sum_{i=1}^{n} w_i \cdot S(x_i) \tag{2-1}$$

式中，w_i是权重因子，并且 $\sum_{i=1}^{n} w_i = 1$，n 是感知平台规定的数据属性种类总量，$S(x_i)$是各个属性量化值。$S(x)$的值越高，参与者被选中的机会越大。

2. 以感知平台为中心方法

文献[51]旨在最大化收集的数据数量和感知平台的利润。文献提出了一种激励算法，即感知平台设定一个奖金，只有提供最多贡献的参与者能够得到这个奖金，而余下的参与者由于其已经收集了数据，所以也会得到回报来补偿其收集数据时的成本。文献将这种方案称为“全支付拍卖”方案。

文献[52]提出了一种感知数据传递方案，如图 2-2 所示。方案规定每个参与者一次只能传递一份数据，所以参与者可以选择回报最高的数据进行传递。如图 2-2 所示，源参与者可以获得的回报为 $C \cdot \xi$，第一个传递的参与者可以获得回报为 $C \cdot (1-\zeta) \cdot \zeta$，第二个传递的参与者可以获得回报为 $C \cdot (1-\xi) \cdot (1-\xi)$，其中 C 表示回报，$\zeta \in [0,1]$表示佣金比例。

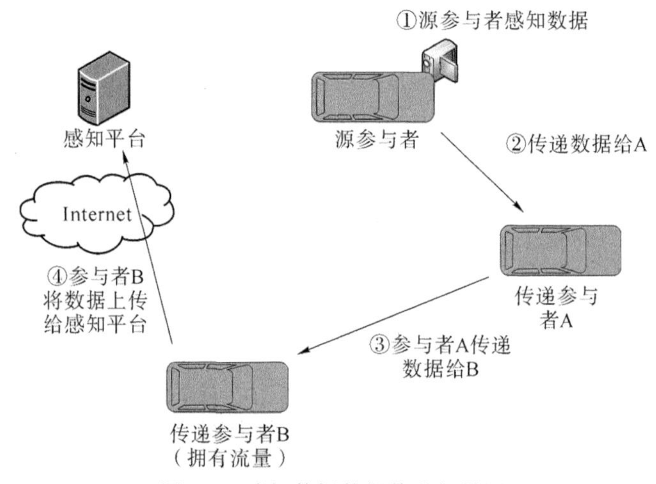

图 2-2　感知数据数据传递场景图

文献[53]提出一种激励机制称为“TM-Uniform”。当任务发布者发布需要专业技能的任务时，感知平台会选择有这项技能的参与者完成任务。感知系统使用二分图 $G(U,T)$，其中 U 代表参与者集合，T 表示需要不同技能的任务集合。边 $e=(u,t)$表示参与者 $u \in U$ 能够接收任务 $t \in T$。参与者的回报取决于任务的预算、他索要的回报以及感知平台获得数据的情况。

为了能够用少量预算得到高质量数据，文献[54] 提出一种参与者训练机制。如果参与者提供的数据能够被感知平台接受，也就是说他提供的数据质量满足要求，那么他会得到奖励。但是如果参与者提供了低质量的数据，那么他将接受感知平台分配的训练任务，直到他通过感知平台设置的评估。经过训练之后参与者可以参加正式的感知任务并获得回报。当有新参与者到达时，感知平台会决定其先经过训练还是直接接受正式任务。

3. 两种方法比较

上述分析表明，激励策略的设计本质上关系到怎么评价参与者的贡献，如何招募足够的参与者以及使感知平台获得足够的数据。文献[46,48,50,51]使用竞价或逆向竞价的方法来招募参与者。但是它们又有些许不同。比如，针对文献[47]提出的观点，即回报应该给那些一直在竞价系统中的参与者、新来的参与者以及索要少回报的参与者。文献[46]和文献[50]克服了文献[47]中索要高回报的参与者总不能被选中这个不足，使激励机制更公平。文献[48]和

文献[51]都提出防止参与者离开群智感知系统,但是使用的方法不同。文献[48]提出先选择合格参与者,然后再在其中选择出提供数据的参与者。而文献[51]提出"胜者全拿"的方法使所有参与者都能够得到回报。文献[49]的提出基于组的参与者选择方法以用来选择更多的参与者。文献[50]用多种因素综合考虑去衡量参与者的贡献。文献[52-54]注重于从网络通信的角度,感知平台如何能够顺利地得到数据。

2.2.2 不同激励协商过程

考虑不同的激励协商过程,激励机制可以分为两类:在上传数据之前决定回报和在上传数据之后决定回报,从图2-1中可以看出两类方法的不同。

(1) 先决定价格

通过观察我们发现,基于竞价方式的激励机制,其基本思想是所有参与者把他们的相关信息(比如索要回报,数据数量等)先传递给感知平台,然后感知平台通过比较选择出合适的参与者进而进行数据交易。

由于研究者相信基于竞价的激励方法可以降低感知平台的成本而且提高感知数据的质量,所以大多数先决定价格的方法都采用的竞价方式,比如文献[42,48,50,55-57],GBMC[58],ISAM[59]。但是所有基于竞价方式的激励机制都建立在复杂的理论基础上而且会进一步消耗参与者设备的开销,所以这些方法会加重参与者参加感知任务的负担以及降低网络带宽使用效率。

(2) 先上传数据

类似于文献[17,60-71]等,参与者在上传数据之前不知道能得到多少回报,直到感知平台根据他们提供数据的质量决定每个参与者的回报。先上传数据面临的难题是如何决定参与者的贡献并给予相应的回报。

(3) 两种方法比较

从感知平台的角度,先上传数据的激励机制比先决定价格的机制更合理,因为参与者的贡献不是根据其收集数据的成本决定,而是根据参与者提供数据对于感知平台的价值来决定的。而数据的价值只有在感知平台得到数据之后才能够衡量。但是从参与者的角度,他们更赞成先决定价格的激励机制。这是因为根据先上传数据的方式,如果他们收集和上传数据花费了相同的成本,但是最后得到不同数量的回报,那么参与者会因为收到了不公平的对待而退出群智感知系统。考虑到群智感知现阶段最大的挑战是招募足够的参与者,我们相信先决定价格的激励机制更适合现在的系统。

2.2.3 不同的数据质量衡量方式

数据作为帮助人们改善生产生活的一种手段和指标,根据其能否满足人们的要求而人为地对数据质量进行衡量。相同种类和数据质量的数据根据不同的使用目的,拥有不同的效果,比如,一些程序只需要GPS轨迹信息,那么几年前收集的GPS数据就可以满足其要求,但是如果是路况实时预测程序,那么几年前的GPS数据就不能反应现在的道路情况。不同种类的数据衡量其数据质量的方式也不同,比如GPS轨迹数据用距离误差来衡量数据质量,图片信息用像素来衡量数据质量等。根据研究的侧重点以及感知平台收集的数据种类不同,我们将其分成了统一的数据质量和分化的数据质量,并分别进行介绍。

(1) 统一的数据质量

由于不同研究的侧重点不同,造成了一些研究将感知平台所收集的数据当作拥有相同的质量。比如,文献[72]提出一种在线选择参与者的方法,该方法用参与者索要单位回报下能够提供数据的数量与感知平台设定的阈值作比较,进而决定是否选择参与者。文献中将参与者所提供的数据看作具有相同质量,根据被选择参与者收集数据数量的情况动态调整阈值,进而继续选择参与者。

文献[73]提出一种多任务参与者选择的方法。文献中假设参与者回报要求不同、感知能力不同、所运动的轨迹不同,而且各个感知任务的预算、所要求的传感器以及数据数量不同,感知平台需要综合考虑选择参与者去执行不同的感知任务。文献同样将单个参与者提供的数据看作具有相同质量,其考虑所有被选择参与者提供数据的总数量以及分布情况,计算感知任务总体完成情况。即参与者提供的数据质量是统一的,但是不同任务的总体完成情况不一定相同。

文献[21]利用拍卖的方式选择参与者,进而得到相同质量的数据,最后将收集来的数据通过云计算与数据分析提炼出有用的信息并进行预测。文献中考虑了参与者和感知平台双方的利益,使感知平台和参与者都能够得到满意的回报,而且还考虑到参与者的隐私问题。

(2) 分化的数据质量

所谓分化的数据质量,顾名思义,即感知平台将参与者提供的数据按照质量高低好坏进行分类或者按照不同的数据质量给予参与者不同数量的回报,不同种类的数据判断其数据质量的方式也不尽相同。比如,文献[74]提出一种基于数据质量的激励机制,该机制根据参与者提供数据的质量给予参与者不同数量的回报,如果数据质量高,那么感知平台就会把该数据推荐给多个任务发布者,进而使参与者得到这些任务发布者给予的回报;反之,如果数据质量低,那么参与者可能从任务发布者那里得到少量的回报。文献[75]根据参与者所提供数据质量的高低以及其索要的回报数量选择参与者。如图 2-3 所示,参与者所上传的图片清晰度不同,其中参与者 1 所传图片清晰度最高,质量最好,但是索要回报也最多;参与者 2 所传图片可以辨认,质量以及索要回报尚可接受,但是参与者 3 所传图片几乎不能辨认,质量和索要回报最低。感知平台会根据参与者所传数据质量、索要回报以及预算综合考虑,根据“性价比”最终选择参与者 2 所提供的数据。

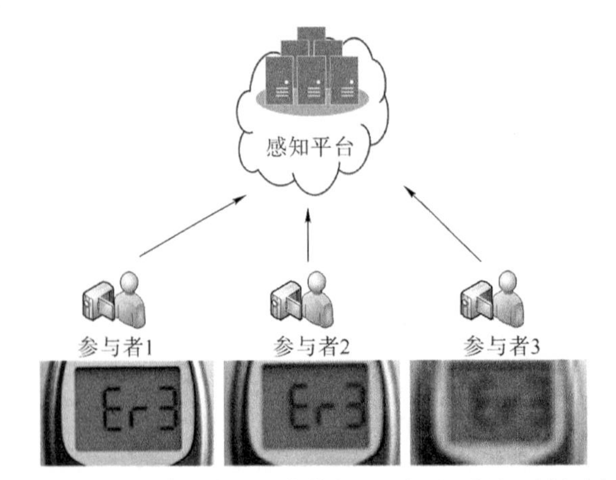

图 2-3　不同参与者所上传数据(图片)的质量不尽相同

文献[76]规定了误差范围，所收集的数据在误差范围内即为合格数据。除了规定数据质量，文献考虑了如何在满足任务发布者要求的情况下尽量少收集数据，以及在某个区域没有参与者提供数据时，如何利用已有数据通过计算补全缺失数据。文献利用压缩感知、贝叶斯推理和主动学习等方法，根据数据的时空相关性计算完成任务所需要的数据量、进行数据补全，并满足数据质量的要求。

文献[77]提出一种考虑能耗和数据质量的参与者选择方法，该方法力求在满足任务发布者要求的前提下选择最少数量的一组参与者，以达到节约能耗的目的。文献在选择参与者时根据参与者智能设备的剩余电量、传感器的精度、参与者所在的位置、传输数据的速度以及目前状态，将这些因素综合考虑并选择出参与者进而收集数据完成感知任务。

文献[78]着眼于城市噪声问题，提出一种基于数据质量的激励机制。该机制先将数据以分贝为单位分成若干个不重叠的区间，接下来规定某一个区间为误差范围并将数值在这个区间的感知数据定义为高质量数据。对于收集到的不在误差范围的数据，该激励机制也会按照参与者收集数据的努力程度给予相应的回报。该机制根据参与者提供数据所在的数据区间，得到一个“工作量矩阵”，并用期望最大化算法量化参与者的努力程度，进而给予回报。

(3) 两种方法比较

统一的数据质量的方案更多地注重群智感知中的这些问题，比如数据数量、数据总体质量以及参与者隐私的保护。分化数据质量方案更多地结合参与者的数据质量解决群智感知中的这些问题，比如数据缺失、参与者选择等。两种方案一般都结合着参与者选择问题，这是因为参与者是提供数据的主体，没有选择参与者，感知平台就得不到数据。

2.2.4　不同的数据质量验证顺序

由于感知平台得到的数据是由不同的参与者提供的，而参与者普遍是没有经过专业收集训练的普通人，加之各个参与者对待群智感知的态度以及收集数据所用的智能设备千差万别，这就造成了不同参与者所提供数据的质量参差不齐。按照感知平台接收数据和检验(预测)数据质量的顺序不同，我们将两种方案称为先验质量的方法和后验质量的方法。先验质量的方法是感知平台在没有得到数据之前首先考虑所要收集的数据质量问题，然后再收集数据。由于考虑数据质量之前还没有收集到数据，所以先验的方案一般采用预测质量的思路；而后验质量的方法是感知平台先得到数据，然后根据得到的数据用一定方法计算筛选进而得到相对满意的数据。接下来我们先介绍先验质量的方法，然后介绍后验质量的方法，最后将这些研究进行比较。

(1) 先验质量方法

先验质量方法，顾名思义，即是感知平台在得到参与者数据之前先预测其可能提供的数据质量，所用的思路一般是根据参与者提供数据的历史情况，再结合某些预测方法最终选择参与者，得到数据之后再结合此次数据的质量更新参与者的历史数据。比如，文献[45]提出一种根据信誉度值选择可信参与者的群智感知系统，该系统考虑参与者所提供的数据质量和参与者可信度等级通过模糊推理计算得到参与者的可信度，用可信度值和旧的信誉度值通过计算更新得到参与者新的信誉度值。文献根据参与者的社交关系结合关系链中所有参与者的总信誉度值选择出一组可信的参与者，完成感知任务。

文献[79]提出一种在保护参与者隐私情况下选择可信参与者的策略。在隐私保护方面，该策略允许参与者使用假名上传数据；在可信参与者选择方面，感知平台会根据参与者的信誉度值通过计算得到参与者的可信度，接下来选择可信参与者，最后根据提供数据的质量更新参与者的信誉度值。

（2）后验质量方法

所谓后验质量方法，即是感知平台先得到感知数据，利用得到的感知数据通过某种方法计算得到相对真实的数据。比如文献[80]用条件概率值衡量感知平台所收集数据的质量，得到真实数据。文献中针对“0,1”问题，即参与者针对平台的问题只需要回答“是”或者“否”。当所有参与者提供数据之后，感知平台利用最大似然估计和期望最大化方法求出数据质量的概率值。

文献[44]利用回归模型来得到真实数据并判断数据质量，所提模型不仅让参与者提供数据，而且还根据参与者的判断不断调整参数值，最后得出数据真实值。文献[73]假设参与者提供的数据具有相同的质量，根据参与者上传的所有数据的分布情况、粒度、总数量等综合考虑，求出本次感知任务得到数据的整体质量，文献使用弗罗贝尼乌斯范数(Frobenius norm)来计算所收集数据的整体质量。

（3）两种方法比较

通过上面的介绍可知，后验质量方式会因为感知平台支付低质量数据而浪费预算。先验质量方式中使用参与者信誉度来衡量每个参与者的可信度进而选择高信誉度的参与者上传数据。然而，因为信誉度值是一个累加的过程，这个过程中需要精心设计一种信誉度值更新方法来不断更新信誉度。此外，如果没有一个合适的信誉度更新方法，那么系统可能无法阻止那些恶意的参与者上传低质量数据。

2.3 应用和系统实现

研究群智感知的主要目的是为了提供数据支持，进而改善人们的工作和生活。如今已有一些群智感知应用出现在人们的生活中。比如，文献[81]着重利用群智感知去计量无线传感量。文献[82]利用群智感知收集监测的电离层电子密度去分析近地球空间环境情况。文献[83]研究的是车联网中车与基础设施通信的技术。文献[84]研究的是通过分析向参与者推荐旅行路线等旅行中的问题，其使用参与者的GPS记录参与者的路线。接下来我们再介绍群智感知中五种不同的应用，如表2-1所示。我们从应用种类、激励策略、使用传感器以及收集数据种类几个方面介绍这些应用。

表2-1 群智感知不同的应用

应用名称	应用种类	激励策略	所需传感器	收集数据类型	参考文献
MTurk	通用平台	现金回报	任务决定	任务决定	[65]
TruCentive	停车位系统	积分/现金回报	GPS	位置信息	[17]
APISENSE	通用平台	积分	任务决定	任务决定	[66]
Noisemap	噪声检测	成就和竞争	麦克风和GPS	音频和位置	[67]
Ikarus	跳伞地点情况	竞争	GPS	位置信息	[68]

2.3.1　应用介绍

亚马逊 MTurk 是一个流行的感知平台，它向普通用户提供可编程接口用来发布任务，但是大多数用户把 MTurk 看作人力市场[65]。MTurk 是一个通用应用可以接受不同类型的任务和请求。个人或企业组织等可以作为任务发布者，在发布任务的同时提供回报，当参与者完成任务会得到相应的回报。MTurk 是一个通用的平台，其收集数据的类型由其任务类型决定。

文献[17]提出了一个分享停车位的群智感知应用 TruCentive，它要求参与者提供 GPS 位置信息用来定位空闲停车位，并鼓励参与者提供真实数据。TruCentive 使用积分作为激励。参与者提供信息之后他可以得到固定数量的积分，如果他提供的信息被用户成功确认，那么他还可以得到奖励。由于用户可能否认根据信息成功找到停车位，以用来得到感知平台的退款。为了防止这种情况的发生，文献使用博弈论的相关知识来设计激励机制。如果用户根据参与者提供的信息成功找到停车位并且据实说明，那么他可以通过 TruCentive 应用把停车位再提供给其他人并且得到奖励。如果他没有据实说明，那么他不可能再继续把停车位提供给其他人。

APISENSE 是一个帮助研究人员收集真实数据集的应用[66]。参与收集数据的参与者可以得到积分奖励。参与者提供的数据种类越丰富，数据量越多，其得到的积分越多。根据参与者使用传感器的种类不同，得到的积分数量也不相同，比如，如果使用了 GPS 传感器，那么参与者会得到相对多数量的积分来补偿设备的能量消耗和参与者的隐私暴露。文献还考虑了参与者的隐私问题，参与者可以根据需要决定使用哪些传感器，以用来保护自己的隐私。

文献[67]提出一个收集参与者音频和 GPS 位置信息用来检测其附近噪声数据的应用 Noisemap。文献指出能否确保应用顺利进行的两个主要挑战是如何保证感知数据的质量和数量。为此，文献提出了四种不同的激励方案。这四种方案又被分为两类：外部激励和内部激励。所有的激励方案都没有使用现金形式的激励。内部激励指的是应用必须能反应参与者参加感知项目的经历和为其设立一个新的目标。属于内部激励的两种激励方案被称为统计数据和成就。统计数据反映了参与者以往参加感知任务的情况，而成就反映了为参与者制定的目标的完成情况。外部激励指的是利用人类的竞争行为来刺激参与者提供数据。其两种激励方案被称为排名和职称等级，这两种激励方案都使用积分来奖励参与者。在文献中，参与者能够得到的积分计算公式为

$$C = \sum_{d \in \{D\}} a \cdot e(H_{\text{area}}(d)) \cdot H_{\text{ay}}(d) \cdot H_{\text{bs}}(d) \tag{2-2}$$

式中，C 表示参与者收集的数据集合，a 是常数因子，$e(H_{\text{area}}(d))$ 是一个因子，反应的是最近 7 天在收集数据 d 这个地区提供数据的数量，这个地区最近 7 天提供的数据数量越多，$e(H_{\text{area}}(d))$ 的值越低。$H_{\text{ay}}(d)$ 表示数据的准确度，$H_{\text{bs}}(d)$ 是参与者得到的奖励。利用参与者每次得到的积分值，应用可以对所有参与者进行排名，或者评估参与者的职称等级。

文献[68]提出了一个专为滑翔伞爱好者提供跳伞地点大气热效应的应用 Ikarus。应用根据参与者携带的设备收集 GPS 信息，并和跳伞电子日志一同上传给感知平台，感知平台根据 GPS 信息和日志查找出该地点的大气热效应信息并发送给其他参与者，帮助参与者选择合适的跳伞地点。应用使用竞争的激励方式，刺激参与者提供数据。具体来说，参与者的跳伞地点，跳伞高度会被公布到网络上，参与者希望打破其他参与者的记录，就要上传自己的信息。

2.3.2 应用比较

接下来从应用和激励机制类型两方面比较所述应用的不同点。

(1) 应用类型不同。由上节我们了解到,各个群智感知应用侧重的是人们日常生活的不同方面。MTurk 可以帮助应用实现激励机制。TruCentive 侧重日常服务。APISENSE 基于云技术提高数据利用率。Ikarus 针对专门群体。Noisemap 侧重于日常污染检测。

(2) 激励机制类型不同。各个应用中使用的激励机制类型不尽相同。总体来说上述应用激励机制分为现金激励和非现金激励。MTurk 使用现金来实现其激励机制,用现金来补偿参与者设备的消耗,促使参与者完成感知任务。其他应用使用的是非现金激励。TruCentive 和 APISENSE 使用积分,Ikarus 和 Noisemap 使用基于竞争的激励方案。TruCentive 使用固定回报外加奖励的形式提供参与者回报,而 APISENSE 直接按照任务的不同给予不同数量的奖励。Noisemap 中还提供了类似于展示参与者成就这样的内部激励方案。

(3) 上传数据种类不同除了亚马逊 MTurk 和 APISENSE 两种通用平台可以按照任务类型收集选择所收集数据类型之外,其他应用都指定了所需的数据类型,TruCentive 和 Ikarus 需要参与者提供 GPS 位置数据,Noisemap 除了位置数据还需要音频数据。

2.4 未来趋势展望

群智感知活动鼓励普通人通过使用智能设备来收集和共享感知数据。普通人既是数据的提供者,又是数据的接受者和受益者。它一方面体现了“众人拾柴火焰高”的特点;另一方面也体现出了其“人人为我,我为人人”的特色。虽然国内外出现了许多与群智感知相关的论文,但是相对于传统的无线传感器网络,群智感知的研究仍然处在开始时期,新的理论和研究尚需要研究人员进一步挖掘。本节讨论群智感知未来可能研究的方向。

(1) 善用历史数据。由于一些任务不要求数据收集的时效性和地点,那么参与者可以将以前收集的历史数据通过感知平台再次卖给其他任务发布者,以达到利润最大化。对于历史数据的定价,可以引入经济学中的市场模型。一方面,市场的竞争机制将会在最大程度上实现达成社会总体的福利;另一方面,在市场运行中,也需要依据市场经济的一系列规律,为实现宏观(总量)平衡而进行适当调控,对数据的价格和供求的调节与控制。综合运用市场竞争与调节手段,可以实现多种感知数据的优化配置,为群智感知中的数据市场运行提供良性的宏观环境,得到正常运行和均衡发展的过程。在这个崭新的、基于竞争和调控的数据市场模型中,经纪人/平台将发挥重要作用。未来可以考虑“多平台”机制,即研究因多个数据交易平台的出现而产生的新的竞争因素。此外,在竞争市场下,数据的价格随“任务多元信息质量需求——感知数据”之间的供求关系的变动,直接围绕其价值上下波动。当出现供不应求的情况,参与者处于有利地位,可以在多家研究机构之间选择他所认为的能够提供最高价格的一方进行售卖,同时这也会吸引更多的参与者来提供数据;而当从这一地区获取的数据已经达到某种信息质量标准后,买家将会选择退出或是降低激励的预算,这就是供过于求的情况,任务发布者处于有利地位,而相应的,参与者也会选择退出、降低自身的价格期望或是提供更好质量的数据;当供求达到某个动态平衡时,则产生一个动态的最优价格,而产生这种价格的机制成为最优定价机制。

(2) 使用激励机制改善数据质量。作为群智感知一个重要的应用，环境检测对数据的时效性和地域性要求较高，但是有时预算不足以支持感知平台收集到要求数量的数据，这就需要感知平台使用一些方法来补齐数据，比如插值法[85]。数据重构要求重构地点附近的准确数据。现在的激励方法大多忽略收集数据的时间空间分布，以至于某个地点的数据缺失或不准确。因此，需要设计新的激励机制保证数据的时效性，用激励机制刺激参与者全心投入收集数据进而保证系统的健壮性[86]。而且，如文献[87]所述，不同参与者可能喜欢不同形式的激励方式。然而，现在的群智感知系统往往只涉及单一形式的激励机制。多形式的激励机制可以允许参与者按照自己喜好而获得不同形式的回报，进而得到高质量的数据。然而，这样设计所面临的挑战将是怎么决定为参与者提供何种形式的回报，以及选用何种形式的回报由感知平台或参与者谁来决定才能使他们都获得最大的收益。

(3) 数据定价机制。虽然感知平台需要的是高质量的数据，但广大参与者的智能设备是高质量数据的来源，要得到高质量的数据，首先要保证足够的数据量。一方面感知平台拥有足够的数据量，可以增加得到高质量数据的概率；另一方面，如果没有数据，也就根本谈不到数据质量，所以数据的量是质的前提。另外，感知活动的约束力较弱，参与者凭自己意愿选择是否参加感知任务，感知任务的难易程度和激励的额度也会在很大程度上对参与者的决定产生影响；再者，由于不同智能设备的电量和传感器种类不同，以及参与者所处的位置等因素，也会对参与者是否愿意参加感知任务产生影响。这就要求感知系统中建立激励机制，通过鼓励参与者，使感知平台得到更多高质量的数据。发挥激励机制合理分配预算等资源的作用，一方面保证所收集感知数据的质量；另一方面激发参与者的活跃度，使其愿意持续参与感知任务，并能够在没有或者只有少量数据的地区收集提供数据。因此，对感知数据的“真实价值”估计是研究者面临的一个新挑战。不同主体在不同环境中对于不同类型的感知数据都会给出差异极大的价格期望。例如，同样一份高质量的空气监测数据，对气象研究机构来说拥有极高的价值，但对一所需求出租车流量数据的交通部门研究机构来说则几乎不具有任何价值。且不同的参与者对于自己收集数据的估价也会因为所处的数据市场的变化和个人心理因素等原因不断产生变化。此外，市场中存在多个参与者、多个任务发布者、多个平台，形成指数型合作与竞争关系。因此，固定不变的价格模式显然无法适应需求。定价机制的有效合理与否直接关系到参与者的去留，而应用和平台也可以通过定价机制来直接影响参与者的意愿。

(4) 多任务综合感知平台建设。作为群智感知系统的三要素之一，感知平台起到了承上启下的作用。感知平台接受任务发布者的任务需求和预算，并选择合适的参与者收集数据完成任务，之后感知平台又将处理后的数据反馈给任务发布者。虽然目前针对群智感知理论和应用的研究呈现逐渐增多的态势，但是在感知平台的建设上，还需注意以下两个方面：一个方面是感知平台的通用性。研究中发现感知任务的数据需求通常有不小的相关性或者相似性，加之智能设备已经具有多种传感器可以收集不同种类的数据。因此需要感知平台能够下发不同种类的任务，并且能够处理不同种类的数据，以提高数据收集效率并同时降低数据收集的成本。通用的感知平台可以使平台开发商不再需要针对某种数据单独开发专用感知平台，从而可以降低行业成本，减少资源浪费[88]。另一个方面是感知平台的可扩展性。群智感知的研究从原来的参与者选择，到现在任务分配、激励机制、参与者隐私、绿色节能、数据管理等，对群智感知的研究范围越来越广。这也要求感知平台能够与时俱进，将研究热点和具体应用相结合，实现功能的扩展。

2.5 本章小结

激励机制是群智感知系统中一个重要组成部分，而设计激励机制的初衷是为了收集一定数量的高质量数据。本章我们从不同角度介绍了群智感知激励机制和高质量数据收集中的部分研究成果。我们先从优化目标、协商过程以及数据质量验证顺序三个方面来介绍群智感知的研究成果，然后介绍群智感知的日常应用，最后展望了未来趋势。本章为第 3 章至第 6 章的研究成果提供了理论支撑。

第 3 章

基于多任务的离线激励机制

在激励机制研究中，群智感知活动面临的挑战之一是在多个任务同时进行的前提下，并且考虑到参与者不同的回报(激励)要求和信誉度情况下，如何为参与者分配任务，以便最大程度地满足多个并发任务的信息质量(Quality of Information，QoI) 要求。另一个挑战是如何最大限度地提高参与者能够获得的回报，以鼓励他们持续不断地提供数据。为此，本章首先提出了一个旨在解决上述问题的群智感知系统，该系统同时考虑感知平台和参与者的利益。基于该系统本章提出了一种参与者信誉度的定义和更新方法。本章引入了信息质量指数(Quality of Information Metric，QoI Metric) 和任务困难度指数(Difficulty of Task Metric，DoT Metric)。前者为收集数据在数据质量、粒度和数量方面是否满足任务发布者的要求提供了量化依据。后者旨在为参与者选择合适的任务以最大化其得到的回报。通过基于真实数据集的仿真实验证明，相比于其他方法，本章提出的方法能够收集更多的数据并为参与者提供更多的回报。

3.1 引　　言

数据在现代社会变得越来越有价值。数据的需求无论从种类上还是数量上，和数据生产收集水平之间的矛盾越来越凸显。如上一章所述，群智感知是以参与者收集数据为基础的服务，为了保证群智感知服务能够持续地运行，系统的激励机制需要为群智感知任务的参与者提供一定的奖励，以补偿其因为收集数据而造成的设备消耗；另外，随着移动智能设备传感器种类日渐丰富和计算能力逐步强大，使得参与者可以收集不同种类的感知数据，但是由于参与者使用智能设备的习惯等因素，导致参与者提供的数据质量也不尽相同，系统能否持续获得高质量的数据要依赖于激励机制的作用。当前群智感知系统中感知平台如何能在付出最少成本的条件下，在质和量两方面获得满意的感知数据，是激励机制研究必须要解决的一个重要问题。

现在已经有不少关于激励机制方面的研究工作，比如文献[89]中作者用全支付拍卖的方式给所有参与者回报，然而忽略了参与者所收集数据质量的差异性。文献[27]考虑在完全满足感知任务数据要求的情况下，最小化付出的激励。然而，该类方法没有考虑部分子区域由于缺乏参与者，无法实现数据采集的情况。在真实环境下，更实际的问题是如何在任务所能提供的激励约束下，最大化满足任务质量需求。文献[90]考虑如何激励参与者提供高质量数据，文献考虑的是参与者报价和其数据质量之间有一定的关系，用参与者报价衡量数据质量，但是由于感知平台很难知道参与者收集数据的成本，所以不如用参与者收集数据的历史质量去评价其本次数据质量的好坏更为准确。

随着越来越多的设备具备了收集数据并且分享数据的能力，群智感知的数据收集工作已经从单纯利用智能手机收集数据发展到了利用汽车甚至无人机等快速行进的工具进行数据的收集。基于此，现在激励机制的研究分成了离线场景和在线场景下的激励机制，如图 3-1 所示。离线场景适合行进速度慢的参与者，因为参与者的行进速度慢，造成了参加感知活动的参与者人数相对不变。离线场景中激励机制是静态的，离线的参与者并发地参加感知任务，离线场景假设参与者在感知任务开始时就已经在等待参加任务。而在线场景适合行进速度快的参与者，由于参与者行进速度快，所以会导致参与者在感知区域的时间较短，这就需要感知平台立刻决定是否需要此参与者收集数据。在线场景中激励机制是动态的，在线的参与者以随机顺序参加感知任务，在线场景的参与者可以在任务进行时间段的任意时间参加感知任务。

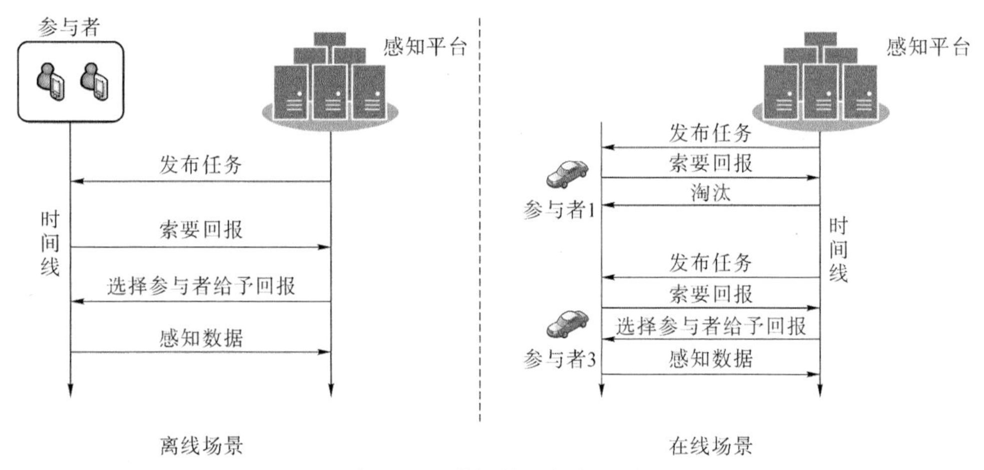

图 3-1　两种场景下的流程图

如第 2 章所介绍的，激励策略可以分为两种类型：以用户为中心的方法和以感知平台为中心的方法。已有的激励机制研究往往注重这两种类型的一方面，要么注重如何鼓励参与者持续贡献数据、招募更多参与者和增强参与者的动机[57,91]，忽视了感知平台的利益；要么注重如何提高感知平台所收集的数据数量并且减少成本[54,92]，忽视了参与者的利益。我们在本章着重设计一个考虑感知平台和参与者双方利益的群智感知系统，即感知平台得到高质量的感知数据，同时参与者也能得到满意的回报，以达到激励参与者的目的。

具体来说，从感知平台这方面考虑到参与者索要回报和他们上传数据的质量，参与者的选择一直是群智感知系统中最主要的挑战之一。因此本章的目标是选择一组可信参与者使感知平台得到的数据能够在预算的限制下最大限度满足信息质量的要求。这里我们定义了参与者信誉度，并用信誉度作为依据来了解参与者过去在群智感知活动中的行为，通过信誉度值来选择可信参与者。用这种方法能最小化对群智感知系统环境的破坏以及由于参与者不诚实行为对系统的威胁，进而避免感知系统被误用和滥用[93]。另外，信息质量（QoI）能够判断收集的数据是否适合使用[73]。在本章我们假设信息质量的量化包括许多方面，如感知区域、数据粒度和数量要求以及任务发布者提供的预算。我们使用经济学方面的知识来定义一个信息质量满意指数，用参与者的感知成本和信誉度值去预测其上传数据的质量水平。

从参与者这方面来考虑，虽然感知平台需要的是高质量的数据，但高质量的数据来源于广大参与者手中的智能设备，也就是说，数据的量是质的前提，在考虑数据质量之前要先保证足够的数据来源。如何维持一定数量的参与者一直是群智感知系统中的一个关键问题。试想如果一个感知任务耗费了参与者感知设备太多能量，但是最后他得到的回报不能补偿其因收集数据而耗费的成本，那么他可能采取消极的态度去对待以后的感知任务，甚至退出群智感知活动，所以群智感知系统中需要激励机制来鼓励参与者提供足够的高质量的数据。因此，本章设计了一个任务困难度指数去衡量每个任务的困难程度。我们以完成任务所需要的传感器类型、感知时间以及智能设备所剩电量作为任务困难度的属性，并且允许参与者根据其索要回报和任务困难度指数选择感知任务。值得注意的是，我们用最小化单位回报下所消耗的能量来定义节能这个概念，或者说最大化单位能耗下参与者能够得到的回报。各个任务已经要求了固定的感知时长、固定的数据数量和所用传感器种类，也就是说，对于每个任务参与者所消耗的能量是一定的，但是可以通过改变回报的多少来控制单位能耗下参与者得到的回报。另外，为了保证越来越多的参与者加入群智感知活动，并且保证收集数据的质量，这里规定一个参与者在一段时间内只允许进行一个任务，剩余的任务需要选择其他的参与者进行。

总体来说，本章中我们设计激励机制的思想分为两个方面，一方面，对于已经有任务的参与者，我们会最大化其单位能耗下得到的回报；另一方面，我们会把被放弃的任务重新分配给新的参与者，让更多的参与者得到回报。

基于多任务的群智感知系统基本流程如图 3-2 所示。不同于以往的流程，参与者会根据任务困难度指数选择任务，感知平台会选择参与者进行放弃的任务。

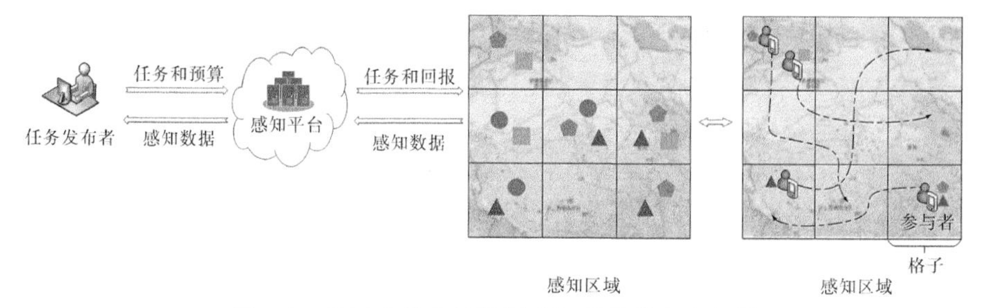

图 3-2　基于多任务的群智感知系统基本流程图

本章的贡献分为以下四点。

(1) 针对本章的群智感知场景定义和设计了参与者信誉度和更新方法，将参与者的意愿和所提供的数据质量作为衡量参与者信誉度的两个主要方面。

(2) 本章使用信息质量满意度指数来量化所收集数据的数量、粒度和数量满足信息质量要求的程度；使用任务困难度指数帮助参与者选择单位能耗下回报最多的任务，并把被放弃的任务重新分配给新的参与者，以使更多的参与者得到回报。

(3) 为了最大化收集数据的质量和参与者的回报，本章设计了一个多目标优化问题，并用启发式方法得到次优解。

(4) 本章使用真实数据集来验证所提算法。通过和其他方法比较来验证所提算法的准确性和优势。

3.2 多任务离线激励模型

本节我们设计的系统模型。任务发布者发布的任务集合为 $F=\{f_1,f_2,\cdots,f_n\}$。单个任务$f_j\in F$开始时间为t_j^s,结束时间为t_j^e,任务持续时间为 $\Delta t_j=(t^e-t^s)$。每个任务 f_j还关联着任务预算 B_j以及感知数据数量要求 ξ_{jh},即被选择的参与者数量。整个感知区域被划分为一组子区域或者格子 $Lj=\{l_{j1},l_{j2},\cdots,l_{jh}\}$,$f_j\in F$。参与者可以选择他们喜欢的感知任务。设一组参与者为 $U=\{u_1,u_2,\cdots,u_m\}$。

单个参与者u_i可以选择至少一个任务,即为 $F_i=\{f_{i1},f_{i2},\cdots,f_{ij}\mid j\leqslant n\}$。我们用 c_{ij}表示参与者 u_i进行任务 f_i时索要的回报。回报的种类可以是现金形式或者积分,只要 $c_{ij}\in R$ 并且 $c_{ij}\geqslant 0$。参与者的信誉度表示为 r_i。为了方便记录哪些参与者被选中,我们引入一个变量 x^i,$u_i\in U,l_{jh}\in L_j,f_j\in F$:如果参与者 u_i被选中参加任务 f_i,那么$x_{jh}^i=1$,反之$x_{jh}^i=0$。

我们将在第 3.3 节和第 3.4 节讨论参与者信誉度定义和信息质量的细节。

3.3 信誉度定义和更新

参与者信誉度是一个长期积累的指标,它被用来估计参与者的可信度和预测他们未来的行为。信誉度系统的主要流程如图 3-3 所示。感知平台接到任务发布者的任务之后,它首先通过信誉度模块选择若干可信参与者,之后被选中的参与者贡献数据,接下来根据被选中参与者的行为,即他贡献数据的热情程度和数据质量,看门狗模块会向信誉度模块发送积极的或者消极的反馈信息,最后信誉度模块会根据这些信息更新参与者的信誉度值。

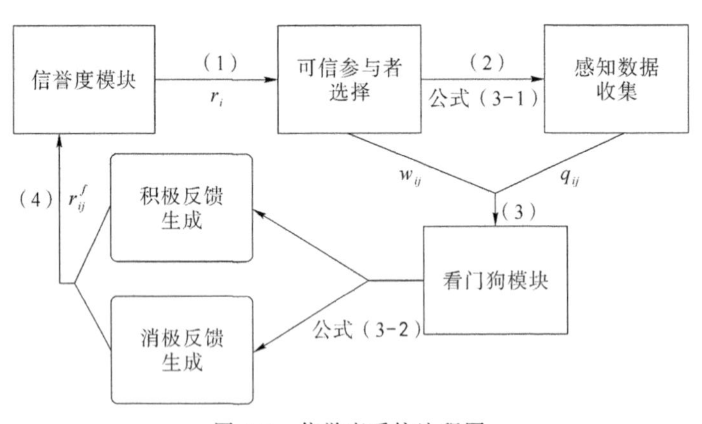

图 3-3 信誉度系统流程图

3.3.1 参与者意愿的定义

本章我们定义参与者意愿依然是一个和参与者响应感知平台所耗费时间相关的函数。受社会原则启发[94],参与者同意贡献数据考虑的时间越长,则他贡献给平台的价值越少。我们

将所有参与者同意贡献数据的平均时长作为阈值，如果某个参与者响应时间等于这个阈值，那么他的意愿就是中性的，相应的意愿值为0.5。参与者意愿方程为

$$\frac{\bar{t}_j - t_{ij}}{\bar{t}_j} = \frac{w'_{ij} - 1/2}{1/2} \Rightarrow w'_{ij} = 1 - \frac{t_{ij}}{2\bar{t}_j} \tag{3-1}$$

式(3-1)中，w'_{ij}，$f_j \in F$ 表示参与者得到的意愿值，t_{ij} 是参与者响应时长，$\bar{t}_j$ 表示平均响应时长。参与者同意贡献数据的时间越长，他所能得到的意愿值越少。如果一个参与者不同意贡献数据，即 $t_{ij} = \infty$，相应的 $w'_{ij} = -\infty$，由于意愿的取值范围是[0,1]，即意愿值的最小值是0，所以可将公式(3-1)改为 $w_{ij} = \max(0, w'_{ij})$，其中 $w_{ij} \in [0,1]$ 表示参与者意愿值。

3.3.2 信誉度反馈和更新

在介绍信誉度反馈机制之前，我们先提出一个"参与者表现指数"来显示评估其完成任务的好坏程度。在计算表现指数的过程中，除了参与者的意愿和数据质量，我们还考虑了其索要回报，即参与者得到的回报越多，他的表现指数值越低。群智感知系统用表现指数来补偿那些有着强烈意愿提供高质量数据而索要回报少的参与者。

参与者的表现指数p_{ij}，$f_j \in F$ 可以表示为 $p_{ij} = \beta \cdot z_{ij}$，其中 β 是权重因子，并且 $z_{ij} = (w_{ij} + q_{ij})/c_{ij}$。因为 β 是一个常数，故 $\log\beta + \log z_{ij}$ 值的大小依赖于z_{ij}，所以会有一个常数 ϕ 使得 $\log\beta + \log z_{ij} = \log(z_{ij} + \phi)$ 成立。接下来我们考虑一个特殊情况，当$p_{ij} = 0$ 时，即参与者u_i没有贡献任何数据($z_{ij} = 0$)，相应的，$q_{ij} = 0$ 和 $w_{ij} = 0$，进而得到 $\phi = 1$。

参与者信誉度反馈值是基于它相对于所有被选择的参与者完成任务的好坏程度。于是参与者信誉度反馈方程为

$$r_{ij}^f = \log\left(\frac{w_{ij} + q_{ij}}{c_{ij}} + 1\right) - \log\left(\frac{\sum_{u_i} w_{ij} + \sum_{u_i} q_{ij}}{\sum_{u_i} c_{ij}} + 1\right) \tag{3-2}$$

基于此，我们设计参与者信誉度更新方程为

$$r_i = \frac{1}{\pi} \cdot \arctan(\alpha \cdot r'_i + \alpha \cdot r_{ij}^f) + \frac{1}{2} \tag{3-3}$$

3.4 信息质量满意度指数和任务困难度指数

在本节我们将介绍信息质量满意度指数和任务困难度指数。信息质量满意度指数表示收集的数据相对于任务要求的完成程度，而任务困难度指数表示参与者完成这个任务的困难程度。

3.4.1 信息质量满意度指数

正如其名称所讲的那样，信息质量满意度指数用来衡量所收集的数据按照任务要求的完成程度。在文献[73]中用收集数据的数量和离散程度来表示该指数，即

$$O_{jh}^q = \sum_{i=1}^{n_{jh}} x_{jh}^j \tag{3-4}$$

式中，O^q 表示在格子 l_{jh} 收集的数据的数量，n_{jh} 表示格子 l_{jh} 中的参与者总人数。然而，本章我们将考虑数据质量并用经济学的知识形式化信息质量满意度指数。在经济学中，研究者提出生产者的目的是为了获得利润，这其中涉及生产同一产品的所有生产者共同信誉度、商品均价以及生产者的成本[95]。这个思想也适用于群智感知活动，每个参与者就像是一个“生产者”，他提供的数据就好似“某种商品”。正如第 3.3 节所述，参与者的信誉度的决定因素之一就是他所提供的数据质量，所以我们使用方程 $r_i=r(q_i)$ 来表示它们之间的关系。

根据如上所述，利润目标可以表示为

$$V_i^p=R_t\cdot\overline{c(m)}-C(r_i) \tag{3-5}$$

式中，$R_t=\sum_{i=1}^{k}r_i$ 表示所有被选择参与者的总信誉度。$\overline{c(m)}$ 表示所有参与者的平均回报，$C(r_i)$ 表示参与者 u_i 的成本。接下来我们考虑在同一个格子里的所有参与者。为了最大化他们的利润，我们对公式(3-5)求关于 q_i 的偏导，于是有

$$\sum_{i=1}^{k}\frac{\partial V_i^p}{\partial q_i}=\sum_{i=1}^{k}\frac{1}{k}\cdot\frac{\partial R_t}{\partial r_i}\cdot\frac{\partial r_i}{\partial q_i}\cdot\overline{c(m)}-\frac{\partial C(r_i)}{\partial r_i}\cdot\frac{\partial r_i}{\partial q_i}=0 \tag{3-6}$$

基于公式(3-6)我们知道 $\frac{\partial r_i}{\partial q_i}=0$，然后我们得到

$$\frac{\partial R_t}{\partial r_i}=\sum_{i=1}^{k}\left[k\cdot\frac{\partial C(r_i)}{\partial r_i}/\overline{c(m)}\right] \tag{3-7}$$

如第 3.3 节所述，参与者信誉度是一个长期积累的指标，它被用来估计参与者的可信度和预测他们未来的行为。基于此，使用信誉度值 R_t 来预测数据质量是可行的。值得注意的是，即使参与者有很高的信誉度值，他也不可能每次都提供高质量的数据，但是相比于那些拥有较低信誉度值的参与者来说，他仍然有很大的概率提供高质量数据。

经济学的学者已经证明生产同一种商品的生产者数量越多，其商品平均质量越低[96]。这个理论同样适用于群智感知活动，即总数据质量和参与者人数之间存在联系。在同一格子中的所有参与者可以看作是生产同一种商品的生产商。随着在同一个格子中参与者人数的增多，为了增加被选中的机会，他们必然会通过减少成本的方式降低索要的回报，通过这种方式数据的总质量必然会下降。因此我们预测总数据质量的方程为

$$O_{jh}^k=\sum_{i=1}^{k}\int\frac{k\cdot\frac{\partial C(r_i)}{\partial r_i}}{\overline{c(m)}\cdot n_{jh}}\mathrm{d}r_i \tag{3-8}$$

文献[97]相信高成本换来高质量，因为质量依赖于商品包含的各种属性，而这些属性是有成本的，所以高质量的商品必然更贵。但是高质量并不仅仅取决于高成本，也取决于高信誉度，所以我们假设 $C(r_i)=a\,r_i$，其中系数 $a>0$ 决定成本和信誉度值的比例关系。有着高信誉度的参与者可能会耗费高成本，因为他为了保持高信誉度，在收集数据的时候可能会更加认真，收集的数据可能是他收集了几次之后选择的最满意的结果，而这必然会耗费高成本。根据上面的讨论，公式(3-8)可以写成

$$O_{jh}^k=\sum_{i=1}^{k}\frac{a\cdot k\cdot r_i}{\overline{c(m)}\cdot n_{jh}} \tag{3-9}$$

式中，$O_{jh}^k\in[0,1]$ 是根据在格子 l_{jh} 中选择的 k 个参与者预测的关于任务 f_j 可能得到的总质量

值，$\overline{c(m)}$是群智区域所有被选择参与者的平均回报，n_{jh}是在格子l_{jh}中的参与者总人数，r_i是参与者u_i的信誉度。

基于公式(3-9)，可以得到如下引理。

引理3.1 设一组在相同格子l_{jh}中的参与者$U=\{u_1,u_2,\cdots,u_{n_{jh}}\}$。如果$U_{k1}\subset U$并且$U_{k2}\subset U$，$U_{k1}\subset U_{k2}$，那么

$$\sum_{i=1}^{k_1}\frac{a\cdot k_1\cdot r_i}{\overline{c(m)}\cdot n_{jh}}<\sum_{i=1}^{k_2}\frac{a\cdot k_2\cdot r_i}{\overline{c(m)}\cdot n_{jh}},\forall k_1<k_2 \tag{3-10}$$

成立。

引理3.1说明在同一格子中其他条件不变的情况下，选择的参与者越多，得到的预测值越高。

接下来我们使用两个矩阵$\boldsymbol{S}_j$和$\boldsymbol{O}_j$去表示任务f_j能得到的最大的信息质量值和实际得到的信息质量值，即

$$\boldsymbol{S}_j=[s_{j1}^{\zeta_{j1}},s_{j2}^{\zeta_{j2}},\cdots,s_{jh}^{\zeta_{jh}}] \tag{3-11}$$

和

$$\boldsymbol{O}_j=[o_{j1}^{k_1},o_{j2}^{k_2},\cdots,o_{jh}^{k_h}] \tag{3-12}$$

式中，$\xi_{jh}\in\xi_j$是任务f_j要求的在格子l_{jh}中收集的数据量，s_{jh}，$l_{ih}\in L_j$，$f_j\in F$是在格子l_{ih}中能够得到的最大数据质量值，k_h是实际得到的数据量，o_h^k，$l_{jh}\in L_j$，$f_j\in F$是实际得到的数据质量值。

根据信息质量的定义，有$\boldsymbol{S}_j\geqslant\boldsymbol{O}_j$，$\forall l_{jh}\in Lj$，$f_j\in F$。基于此，我们使用弗罗贝尼乌斯范数(Frobenius norm)[98]来量化公式(3-11)和公式(3-12)之间的差值：

$$\boldsymbol{O}_j=1-\frac{\|\boldsymbol{S}_j-\boldsymbol{O}_j\|_F}{\|\boldsymbol{S}_j\|_F} \tag{3-13}$$

这样，实际达到的信息质量满意度指数的范围在[0,1]之间，0代表没有收集到数据，1代表按照信息质量要求完成任务。

3.4.2 任务困难度指数

任务困难度指数用来衡量参与者对任务执行的困难程度。带有任务困难度指数的群智感知活动的流程如图3-4所示。一些参与者被选中来进行任务1和任务2，同时还有一些参与者没有任务，如图3-4(a)所示。当又有一个任务3出现，并且它的执行时间和任务2冲突，那么拥有任务2的参与者就根据任务困难度指数选择执行哪个任务，并把放弃的任务给其他参与者执行，如图3-4(b)所示。根据群智感知应用的特点，参与者需要使用他们的智能设备收集贡献数据，而不同任务所用传感器不同，不同传感器所消耗的能量也不同，表3-1所示为摩托罗拉Razr XT910主要传感器的耗电量，虽然数据有些陈旧，但是现在智能手机中的各个传感器耗电量各不相同，本章只为根据能耗选择任务方法提供一种思路。未来将群智感知商业化之后，感知平台可以利用商业行为得到各个品牌型号智能手机传感器的能耗，在参与者注册时可以要求参与者提供收集数据的智能手机型号，以便计算因完成任务所要耗费的能量。

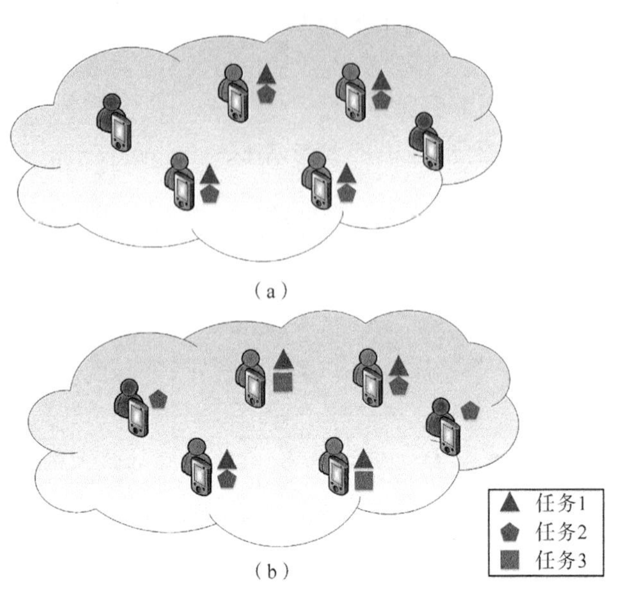

图 3-4 带有任务困难度指数的群智感知活动流程图

表 3-1 摩托罗拉 Razr XT910 主要传感器的耗电量

传感器	耗电量
摄像头	$r_1^c = 4.02$ mA · h/(min · KB)
麦克风	$r_2^c = 2.34$ mA · h/(min · KB)
GPS	$r_3^c = 3.65$ mA · h/(min · KB)
加速传感器	$r_4^c = 1.67$ mA · h/(min · KB)

由于群智感知需要参与者使用能量有限的智能设备收集数据，因此如何节约能量使群智感知系统持续地进行下去是一个重要问题。文献[99]针对参与者设备初始状态、剩余电量和他们愿意参加的任务数之间的关系进行调查，结果显示剩余—初始电量比越高，参与者愿意接受的任务数越多。所以我们将任务困难度指数的属性总结如下。

(1) 传感器类型：对于不同类型的任务，所需的传感器类型也是不同的。比如智能交通感知应用[12]需要参与者使用设备的摄像头传感器拍照，然后连同他的 GPS 信息一同传给感知平台。另一个应用 Noisemap 需要参与者使用麦克风传感器收集音频信息，并将他的 GPS 信息一同上传给感知平台[67]。这些系统都需要 4G 或者 5G 网络上传数据。众所周知，智能设备的电量是有限的，而且不同种类的传感器耗电量也不同，如表 3-1 所示[100]。如果任务耗电量大，那么参与者可能不愿意参加这个任务，以免扰乱他们的正常生活(如打电话、发短信和上网)。因此，任务耗电量越大，参与者参加这个任务的困难度越高。

(2) 感知持续时间：感知持续时间依然和耗电量相关，因为不同种类的任务不仅需要不同种类的传感器，而且所要求的感知时长不同[101]。长时间的感知需要更多的电量消耗，进而对参与者造成更高的任务困难度。

(3) 剩余电量：携带较少电量感知设备的参与者可能会拒绝或者不愿意贡献数据，这也给参与者执行任务造成困难。

接下来我们使用上述属性计算任务困难度指数。假设有一组传感器，它们的耗电量表示为

$\Gamma^c=\{\gamma_1^c,\gamma_2^c,\cdots,\gamma_n^c\}$。为了方便，我们依然引入一个决策变量$y_{kj}$，$k\in[1,n]$，$f_j\in F$。如果耗电量为$\gamma_k^c$的传感器被使用，$y_{kj}=1$，反之$y_{kj}=0$。任务$f_j$所消耗的电量为 $\sum_{k\in[1,n]}\gamma_k^c\cdot y_{kj}\cdot\Delta t_j\cdot\mu_j$，其中 Δt_j表示任务f_j所要求的感知时长，μ_j表示感知数据的大小(以千字节为单位计算)。对于某个参与者$u_i\in U$，他的设备的初始电量为 E_i，剩余电量为 $\overline{E}_i$。根据文献[99] 的结果，我们使用 $1-\overline{E}_i/E_i$作为任务困难度指数的一部分，它的值越大，参与者执行任务的困难度越大。为了不失一般性，我们假设参与者设备的剩余电量足够执行任何一个任务，且参与者的设备能够使用 4G/5G/LTE 网络，这里我们忽略了待机耗电量对任务困难度指数的影响。任务困难度指数为

$$D_{ij}=1-\frac{\overline{E}_i}{E_i}+\frac{\sum_{k\in[1,n]}\gamma_k^c\cdot y_{kj}\cdot\Delta t_j\cdot\mu_j}{\overline{E}_i}\tag{3-14}$$

式中，D_{ij}表示任务f_j对于参与者u_i的困难度，D_{ij}的值越大，参与者选择执行任务f_j的可能性越低。为了便于理解，我们考虑这样一个例子，假设参与者u_i的初始电量为 $E_i=1\,780$ mA・h，剩余电量为 $E_i=450$ mA・h，有一个任务需要用到摄像头和 GPS 传感器，通过表 3-1 可知它们的耗电量分别是 4.02 mA・h/(min・KB 和 3.65 mA・h/(min・KB)，任务需要持续 2 分钟收集数据，整个数据大小是 3KB。那么参与者的任务困难度指数是$D_{ij}=1-450/1\,780+(4.02+3.65)\times2\times3/450=0.85$。所提出的群智感知系统允许参与者根据参与者索要回报和任务困难度指数的比值选择任务，即c_{ij}/D_{ij}，$u_i\in U$，$f_j\in F$。如图 3-5 所示，某个参与者u_i执行四个任务 f_1,f_2,f_3,f_4，但是他又接受了另外一个任务 f_5，这个任务和 f_2 需要在同一时间结束，之后参与者u_i根据 c_{ij}/D_{ij} 的值决定执行哪个任务。如果$c_{i2}/D_{i2}<c_{i5}/D_{i5}$，那么他将执行任务 f_5，如图 3-5(a)所示，如果$c_{i2}/D_{i2}>c_{i5}/D_{i5}$，那么他将继续执行任务 f_2，如图 3-5(b)所示。还有一种特殊情况，如果 $c_{i2}/D_{i2}=c_{i5}/D_{i5}$，那么他将继续执行任务 f_2，因为任务 f_2 已经在任务队列里。

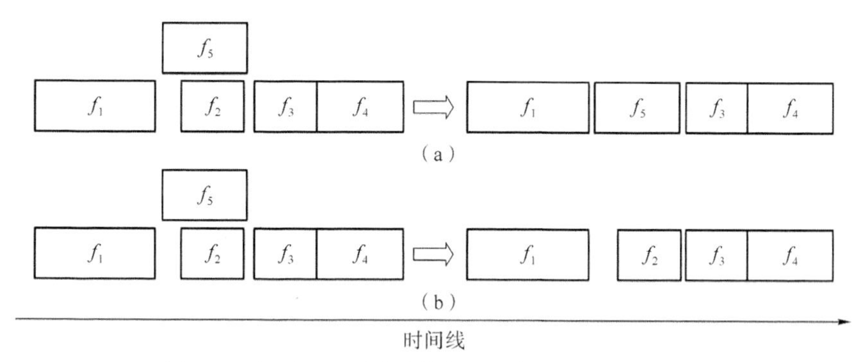

图 3-5　使用任务困难度指数和回报分配任务的例子

3.5　优化问题和解决方案

本章的目标分为两部分：最大化信息质量满意指数和最大化参与者的利润，即

$$\begin{aligned}&\text{Maximize}: \underline{O}=[\underline{O}_1,\underline{O}_2,\cdots,\underline{O}_j]\\&\qquad V=[V_1,V_2,\cdots,V_i]\\&\text{Subject to}: \sum_{f_j\in F}\sum_{u_i\in U}c_{ij}\leqslant\sum_{f_j\in F}B_j\end{aligned}\tag{3-15}$$

式中，$V_i = \sum_{l_{jh} \in L_j} \sum_{f_j \in F} c_{ij} \cdot x_{jh}^i$ 表示参与者 u_i 执行任务得到的总回报。

显然，式(3-15)是一个多目标优化问题，它的最优解多项式时间内不存在[102]。我们接下来设计一个启发式的方法来解决这个问题。为了最大化信息质量指数，我们发现式(3-9)中 O_{jh}^k 的值取决于被选择的参与者数量和他们的信誉度值。为此，我们使用规则 1 去选择参与者。

规则 1 假设有两个参与者 u_i 和 u_k，如果有

$$\begin{cases} c_{ij} < c_{kj} \\ r_i > r_k \end{cases}, f_j \in F,$$

那么 u_i 会被选中。

换句话说，我们在预算限制下选择可能会提供高质量数据的参与者，被选中的参与者根据任务困难度指数和索要回报决定执行哪个任务。最大化信息质量(Maximizing QoI Method, MQM)方法和最大化参与者利润(Maximizing Participant's Profit, MPP)方法的主要流程如图 3-6所示，其中 MQM 在感知平台这边实现，而 MPP 在参与者设备这边实现。MQM 需要一组参与者，他们的回报以及信誉度值、感知区域、总预算和数据要求作为输入，它的输出作为 MPP 的输入。被放弃的任务重新被感知平台分配给其他参与者。

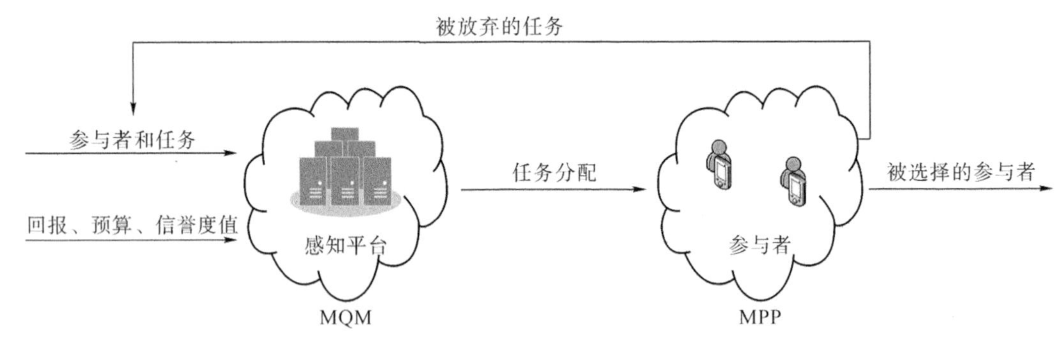

图 3-6 感知系统中 MQM 和 MPP 方法流程

算法 1 伪代码主要过程如下所述。

(1) MQM 的步骤 1：将同一格子中参与者的 r_i/c_{ij} 进行由大到小排序。

(2) MQM 的步骤 2：按照步骤 1 的排序选择参与者直到预算耗尽或者被选择参与者的数量满足要求。当一个参与者被选中，排在他后面的参与者会成为第一候选，并可能在下一轮选择中被选中。

我们选择第 3.4.2 节中介绍的方法最大化参与者的利润。但是即使参与者自身也可能不知道他们收集数据的真实成本，所以我们使用参与者索要回报来表示他们的利润。我们假设 c_{ij}/D_{ij} 的值越高，参与者获得的利润越高。这个思想在算法 2 中体现，具体描述如下所述。

(1) MPP 的步骤 1：在参与者 u_i 新得到一个任务 f_j 之后，算法首先检查它是否和已有任务冲突。如果没有，那么新任务将被加入队列 F' 中；反之，根据第 3.4.2 节中介绍的方法决定新任务是否要被加入队列中。

(2) MPP 的步骤 2：返回任务队列 F'。

那些被参与者放弃的任务或者因为参与者离开感知区域没完成的任务，会被重新分配给相同格子里的其他参与者。

3.6　实验与结果分析

在本节我们先介绍实验用数据集和实验设计过程，接着展示实验结果并进行讨论。

Algorithm 1 最大化信息质量方法

Input: 感知区域中参与者集合 $\mathscr{U}$；参与者索要回报集合 $\mathscr{C}_j$；
参与者信誉度集合 $\mathscr{R}$；感知区域中所有格子集合 $\mathscr{L}_j$；
感知任务的预算 B_j；感知任务的要求 S_j；
Output: 被选择的参与者群体必 $\mathscr{U}'$；

1: **for** I from I to L **do**
2: 　**for** i from I to w_l **do**
3: 　　将同一个格子中的参与者按照 r_i/c_{i_j} 的值从大到小排列；
4: 　**end for**
5: **end for**
6: $b=B_j$；
7: **while** $b>=0$ **do**
8: 　**for** I from I to L **do**
9: 　　**if** $c_i<=b$ **then**
10: 　　　**if** $\xi_{jl}>=0$ **then**
11: 　　　　$u_i\rightarrow\mathscr{U}'$；
12: 　　　　$b=b-c_{i_j}$；
13: 　　　　$\xi_{jl}=\xi_{jl}-1$；
14: 　　　　$\mathscr{U}=\mathscr{U}-u_i$；
15: 　　　**end if**
16: 　　**end if**
17: 　**end for**
18: **end while**
19: **return** $\mathscr{U}'$；

Algorithm 2 最大化参与者利润方法

Input: 可以参加感知任务的参与者 u_i；
任务困难度指数集合 $\mathscr{F}_i$；
任务集合 $\mathscr{F}$；
Output: 被选择的任务集合 $\mathscr{F}'$；
被放弃的任务 f_k；

1: **if** 至少有一个任务 f_k 和新任务 f_j 冲突 **then**
2: 　**if** $c_{ij}/D_{ij}>c_{ik}/D_{ik}$ **then**
3: 　　f_k 从任务队列 $\mathscr{F}'$ 中移除；
4: 　　f_j 加入任务队列 $\mathscr{F}'$ 中；
5: 　**end if**
6: **else**
7: 　f_j 加入任务队列 $\mathscr{F}'$ 中；
8: **end if**
9: **return** $\mathscr{F}'$ 以及被放弃任务 f_k；

3.6.1 实验设计

我们使用两组真实数据集对提出的多任务激励方法进行评估。首先是模拟参与者的位置,这里我们用轨迹数据集来实现。其次是模拟参与者在某个位置上传的数据,这里我们假设参与者上传的数据就是他的 GPS 位置信息。这里用参与者上传的 GPS 数据与其所在地点的真实数据的差值来衡量参与者上传数据的质量,差值越小说明参与者上传的数据离真实数据越接近,即数据质量越好。我们用地图偏移数据来模拟上传数据的差值。

(1) 我们使用 GeoLife 数据来模拟参与者的轨迹[103],如图 3-7 所示,图中红色长方形框代表感知区域,黄线是参与者运动轨迹。GeoLife 计划收集了 182 名志愿者连续三年在北京的活动轨迹,每条轨迹用一系列的带有时间戳的 GPS 点组成,每个 GPS 点包括了经纬度和海拔信息。

(2) 我们用地图偏移数据来模拟参与者上传数据的差值,并检验第 3.3 节提到的信誉度更新过程。地图偏移值指的是同样一个点在现实 GPS 中的定位和在电子地图定位的差值。我们使用百度地图中深圳某一地区的地图偏移数据。

(3) 仿真结果通过安装在 2.60 GHz CPU,4 GB 内存的计算机上的 MATLAB 软件得出。

我们采取如下步骤设置实验平台。

(1) 我们使用地图偏移数据来模拟参与者上传数据的差值。地图偏移数据的取值范围在 1.250～1.360 km,其中大部分数据的取值范围在 1.275～1.325 km。我们使用同一纬度的 50 个数据作为一组来模拟一个参与者的 50 个感知数据值。我们把每组数据随机分配给参与者。

(2) 因为所有轨迹分散在北京的各个地方,所以我们选择了一块长方形的区域作为感知区域。我们将所有轨迹保存在 MySQL 数据库上并选择了一块$(200\times500)\mathrm{m}^2$ 的区域,如图 3-7 所示,这个区域在微软亚洲研究院附近。

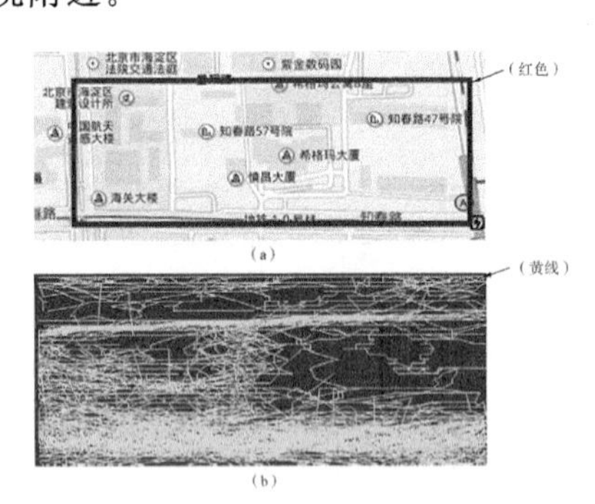

图 3-7 GeoLife 轨迹数据图

(3) 摩托罗拉 Razr XT907 和 XT910 被用来收集数据,它们的初始电量分别为 2 000 mA·h 和 1 780 mA·h。未来将群智感知商业化之后,感知平台可以利用商业行为得到各个品牌型号智能手机传感器的能耗,在参与者注册时可以要求参与者提供收集数据的智能手机型号,以便计算因完成任务所要耗费的能量。

(4) 被选择区域的 182 条轨迹作为参与者的轨迹,即 $|U|=182$。我们考虑一般性,将感知区域划分为 10×10 个格子,每个格子$(20\times20)\mathrm{m}^2$,即 $|L_j|=100$,$f_j\in F$。参与者设备的剩余电量随机生成,即如果参与者使用的是摩托罗拉 Razr XT910,那么 $\overline{E}_i\in[1\ 180,1\ 580]$,如

果参与者使用的是摩托罗拉 Razr XT907,那么$\overline{E}_i \in [1\,400, 1\,800]$。

(5) 由于参与者索要的回报在现实生活中可能为多种类型,如现金或积分值,因此我们使用无量纲单位来表示参与者索要回报。我们假设参与者索要回报的取值范围是[10,20]。参与者答应收集数据的持续时间设为[10,20]之间的随机数。在开始,我们设定每个参与者的信誉度值都是 0.5,即中性值。我们假设任务发布者要求在一个格子里的所有参与者都要贡献数据,即$\xi_{jh}=n_{jh}$,$l_{jh}\in L_j$,$f_j \in F$,并且在[20,300]范围内随机生成预算。

(6) 如表 3-2 所示,假设有三个不同的任务,即$f_i \in F$,$i=1,2,3$。我们假设第一个任务的开始时间为 0:00。任务 1 需要 GPS 和摄像头传感器,收集持续时间为 20 分钟。任务 2 需要麦克风和 GPS 传感器,收集持续时间为 20 分钟。任务 3 需要加速和 GPS 传感器,收集持续时间为 10 分钟。任务 1 和任务 3 有时间冲突。

表 3-2　任务的不同属性

	任务 1	任务 2	任务 3
开始时间	$t_1^s=0:00$	$t_2^s=0:15$	$t_3^s=0:05$
结束时间	$t_1^e=0:10$	$t_2^e=0:25$	$t_3^e=0:10$
任务持续时间/min	$\Delta t_1=10$	$\Delta t_2=10$	$\Delta t_3=5$
传感器类型	摄像头+GPS	麦克风+GPS	加速传感器+GPS

我们选择两个其他的参与者选择机制来比较所提算法的性能。其中一个对比方案在选择参与者时没有考虑预算限制(记作"without budget limit"),此方案是为了得到单个格子中高信誉度参与者的数量和总信誉度值。这个机制显示了最优结果,因为它总是满足任务发布者的要求。另外一个方案是 MAA 选择参与者机制[50](记作"MAA"),即综合考虑参与者属性,如参与者索要回报、信誉度值、所在地点等,并用综合考虑的值来帮助感知平台选择参与者,如图 3-8 所示。MAA 的选择机制如下:

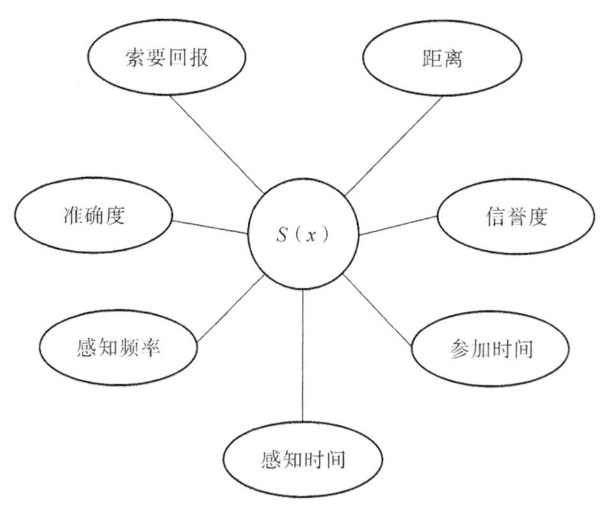

图 3-8　MAA 对比方法所考虑的属性示例图

$$S(x) = \sum_{i=1}^{n} z_i \cdot S(x_i) \tag{3-16}$$

式中，z_i是权重值，有 $\sum_{i=1}^{n} z_i = 1$ 。$S(x_i)$是参与者各种属性的值。参与者 $S(x)$的值越高，他被选中的概率越大。在本章我们考虑参与者的两个属性：信誉度值和回报，相应 z 的值为0.5。

3.6.2 实验结果

实验结果如图 3-9～图 3-13 所示。

图 3-9 中比较了不同预算限制下被选中的参与者总人数、总信誉度值、信息质量满意度指数值和数据质量值的情况。从图 3-9(a)中我们观察到 MQM 和 MAA 方案选择的参与者总人数在预算 $B=20,40,\cdots,300$ 的情况下一直在上升。我们提出的 MQM 方案总是能比 MAA 方案招募到更多的参与者，这是因为 MQM 无预算的方案不需要考虑预算的限制。我们以 MQM 方案为标准，检验所提方案选择参与者人数上的情况。可以看到，当预算增加到 300 时，我们的方案和未考虑预算方案的差距只有 3.3%。从图 3-9(b)中我们可以观察到在预算 $B=240$ 时相比 MAA 方案，我们的方案比其多出了 31.7%，而当预算增加到 300 时，所提方案的总信誉度值几乎接近 MQM 无预算方案。图 3-9(c)展示了在预算 $B=20,40,\cdots,300$ 的不同情况下信息质量满意度指数，可以看到 MQM 方案总是比 MAA 方案指数值高，并且在预算 $B=240$ 的情况下高出了 57.4%。结合图 3-9(b)和图 3-9(c)可以看出，参与者的信誉度值与信息质量满意度指数的大小成正比关系，通过选择高信誉度参与者可以使平台得到高信息质量满意度指数。图 3-9(d)显示了更多的预算能够得到更高的数据质量。结合图 3-9(b)可以看出，参与者的信誉度某种程度上显示了参与者的可信度，参与者信誉度值越高，他能够提供的可信数据越多。我们还观察到 MQM 比 MAA 得到了更多的总数据质量值，在 $B=240$ 时，所提 MQM 方案比 MAA 方案在总数据质量值方面多出了 31.7%。

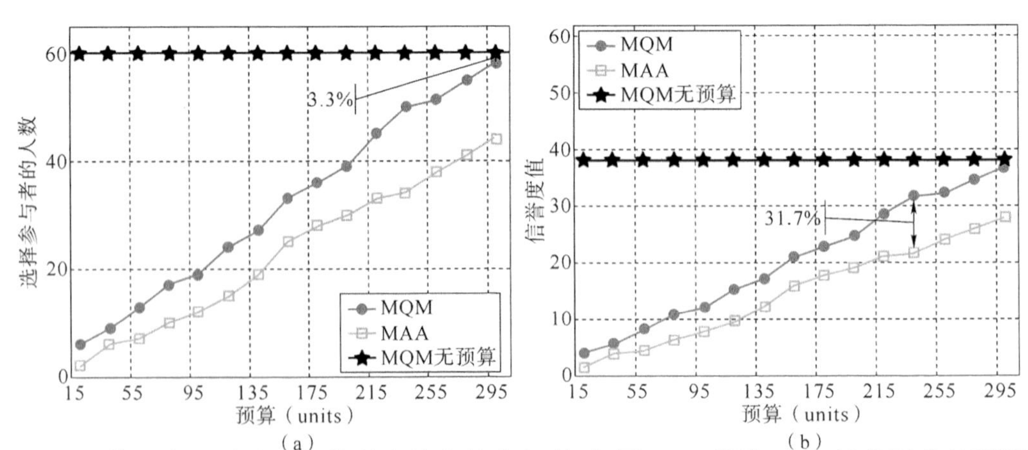

没有预算的方法总是选择信誉度最高的参与者，如图 3-10 所示，它会耗费更多的预算，当同样选择 6 名参与者的时候，没有预算的方法相比 MQM 多耗费 94.5%的预算。另外，所提算法能使用最少的预算选择出和对比方法同样数量的参与者。

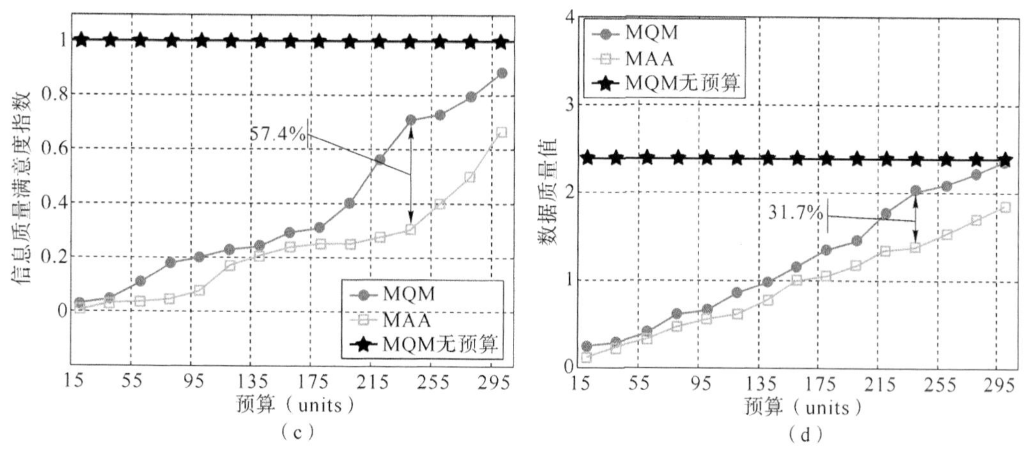

图 3-9　不同预算限制下的比较图

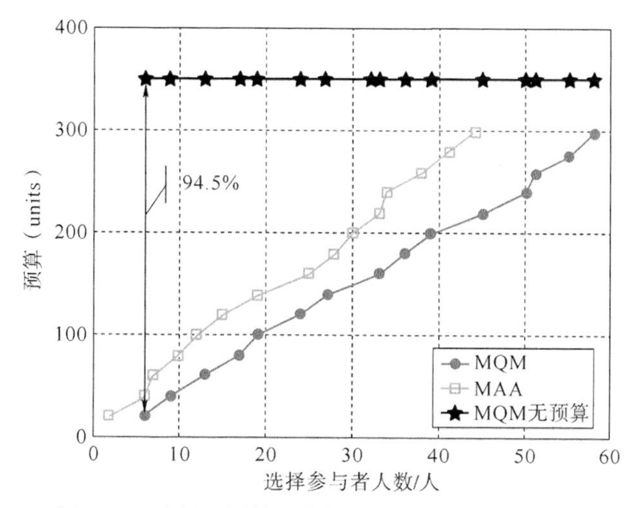

图 3-10　选择不同数量参与者情况下所需要的预算

从参与者的角度，我们用选择的参与者总数、总信誉度值、总回报值、总任务困难度指数值、任务困难度和索要回报的比值分别来验证系统性能。我们考虑各个任务所需的数据大小相同(如 1 KB)，并得到图 3-11 和图 3-12 所示结果。图 3-13 显示数据大小和任务困难度指数回报与任务困难度指数比值之间的关系。

我们随机选取了四名参与者并命名为 $i=1,2,3,4$。从图 3-11(a)和(b)可以看到，单纯针对任务 1，我们提出的 MPP 方法相比较于未使用 MPP 方法少选择了 35.6%的参与者，同样总信誉度值也没有不使用 MPP 的方法多。但是执行任务 3 的参与者相比于未使用 MPP 方法多出了 44.4%，相应的总信誉度值也多出了 45.1%。图 3-11(c)显示任务发布者最关心的信息质量满意度指数，虽然使用 MPP 方法的任务 1 少选择了一些参与者，但是其信息质量满意度指数值几乎没变化。更重要的是，任务 3 的信息质量满意度指数增加了 67.5%，这也证明了通过使用 MPP 方法感知平台更公平地对待每个任务发布者。

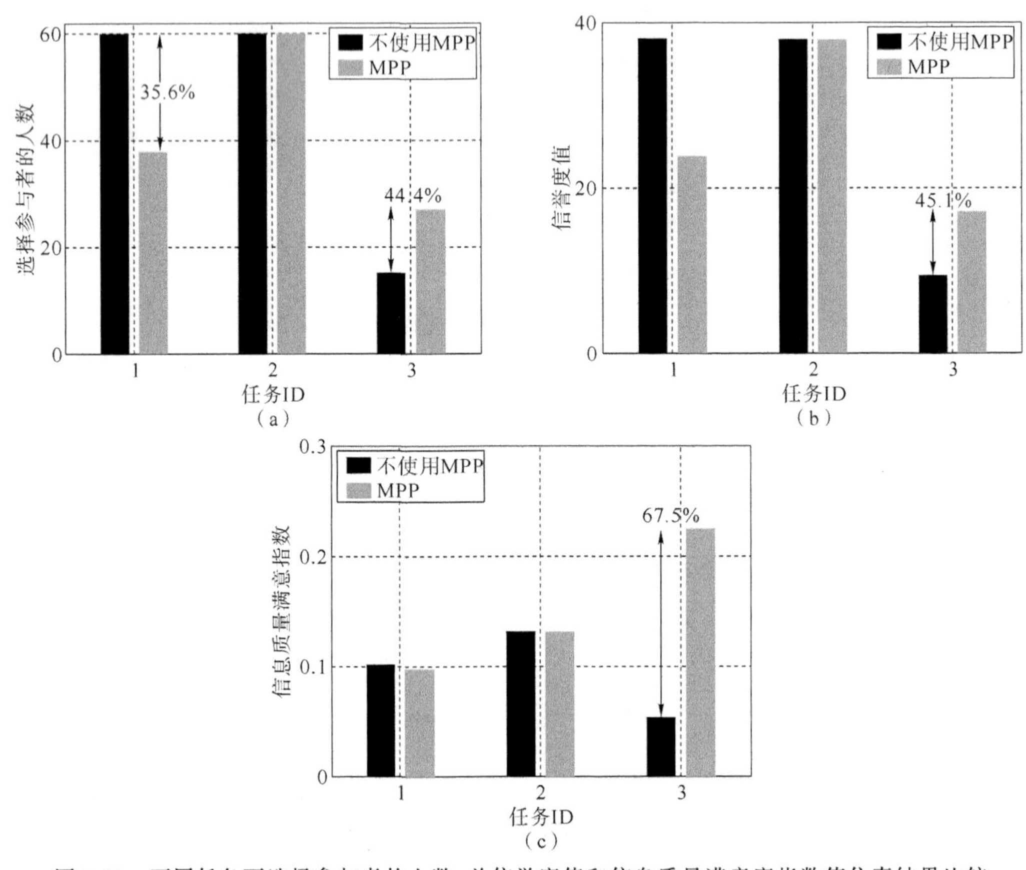

图 3-11　不同任务下选择参与者的人数、总信誉度值和信息质量满意度指数值仿真结果比较

图 3-12(a)和(c)显示在未使用 MPP 的情况下参与者u_3得不到任何回报，而且参与者u_2也会比使用 MPP 方法少得到 18.2%的回报。从图 3-12(b)和(c)可以看到，虽然 u_2的任务困难度指数几乎没有变化，但是u_2索要回报和任务困难度指数的比值却比没有用 MPP 方法增加了 26.2%。由于任务困难度指数是基于参与者电量计算得来的，也就是说，使用 MPP 方法使参与者消耗单位电量得到更多的回报。这个结论通过观察u_4的情况会更明显，通过使用 MPP 方法，任务困难度指数下降了 76.8%而索要回报和任务困难度指数的比值增加了 69.1%。这些都证明了 MPP 方法帮助参与者获得更多回报而且消耗更少电能。

我们选择参与者u_1并假设他的初始电量E_1、剩余电量$\overline{E}_i$和索要回报c_1是常量值。从图 3-13 中我们可以看到，感知数据大小不仅影响任务困难度指数，而且也影响索要回报和任务困难度指数的比值，即感知数据越大，任务困难度指数越大，而比值越小。

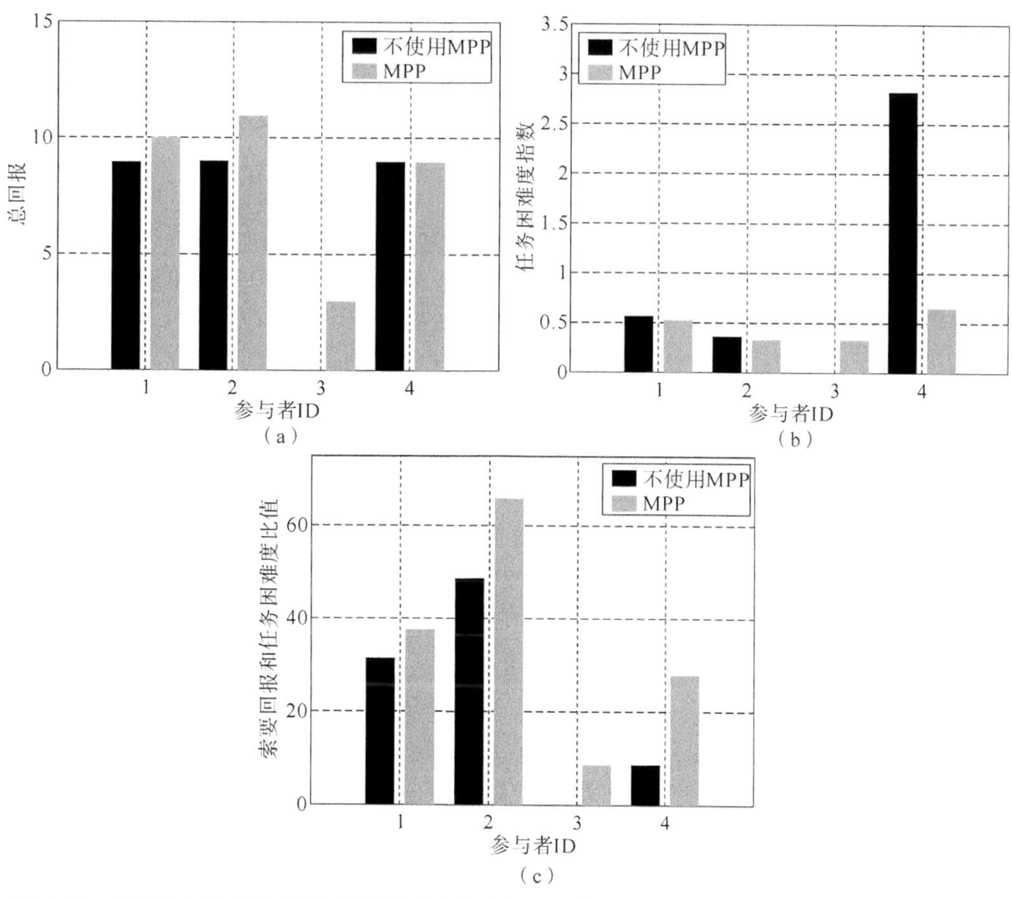

图 3-12　不同参与者总回报值、任务困难度指数值以及索要回报和任务困难度比值仿真结果比较

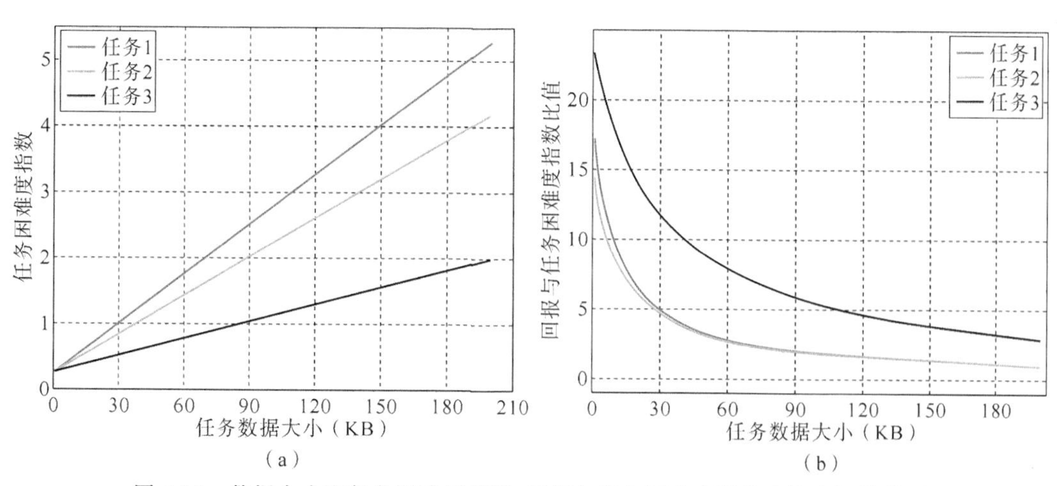

图 3-13　数据大小和任务困难度指数、回报与任务困难度指数比值之间的关系

3.7 系统实现讨论

如今已经有一些群智感知平台。例如,文献[104]实现和部署了一个名叫“CSP”的群智感知平台,该平台使用参与者附近 WiFi 热点,结合在其智能设备上捕捉的图像、声音等信息挖掘出参与者所在位置,然后对参与者进行推荐(如餐厅)。文献[60]实现了一个名叫“Medusa”的群智感知系统,该系统允许任务发布者发布不同种类的任务。Medusa 可以处理不同传感器收集的感知数据,而且系统中还有支付参与者报酬的激励机制。Medusa 的系统结构如图 3-14 所示,系统由云端和参与者智能设备端组成。当有任务发布,首先系统会生成一个任务跟踪器来协调各个部分处理任务。然后任务跟踪器和参与者管理器通信,当有参与者同意或者拒绝执行任务时,这些信息都是通过参与者管理器传递给任务跟踪器。当参与者开始招募时,激励机制就被激活。当有参与者参加任务,任务跟踪器会发送一个信息给阶段跟踪器,后者在参与者的智能设备里运行。接下来,阶段跟踪器从阶段程序库中得到任务信息(如需要传感器的种类等)。然后一个称为“MedBox”的沙盒环境会通知参与者收集数据。当任务结束,阶段跟踪器会将感知数据传递给任务跟踪器。然后任务跟踪器将数据保存在数据仓库中。最后任务发布者得到数据。

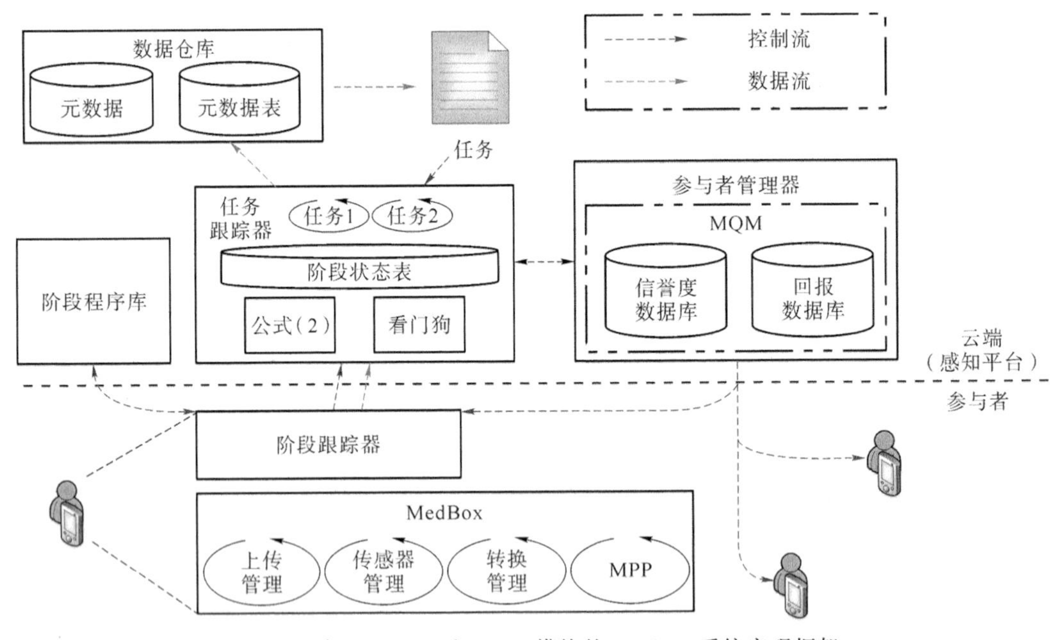

图 3-14 加入 MQM 和 MPP 模块的 Medusa 系统实现框架

本章所提出的系统可以部署在 Medusa 系统中。我们将 MQM 模块部署在参与者管理部分,模块中包含了参与者信誉度数据库和索要回报数据库。计算参与者意愿值的方法在任务跟踪器部分实现。MPP 模块部署在参与者设备中的 MedBox 中,用此来决定参与者选择执行哪些任务。如果有任务被放弃,阶段跟踪器会通知任务跟踪器,然后通知参与者管理器重新选择其他参与者。如果任务被执行,当收到参与者提供的数据之后,部署在任务跟踪器部分的看门狗模块会更新参与者的信誉度值。最后感知数据会传递给任务发布者。

3.8 本章小结

本章提出了一种基于多任务的离线激励机制，该机制考虑了感知平台和参与者双方的利益，即感知平台收集到更高质量的数据，并且使参与者得到更多的回报。随后提出了一个基于本章群智感知系统的信誉度定义和更新方法，该方法的信誉度考虑了参与者的意愿和提供数据的质量。最后提出了信息质量满意度指数和任务困难度指数。信息质量满意度指数用来量化收集的数据和任务发布者的要求，如数据质量、粒度和数量等之间的差距。任务困难度指数保证参与者选择合适的任务以最大化回报。通过基于真实数据集的仿真结果可知，所提的方法能够在预算限制下得到更多的高质量数据以及使参与者获得更多的回报。在第 4 章将要研究基于在线场景的激励机制，不同于本章离线场景，第 4 章将使用一种“随来随选”的方式选择参与者进行感知任务。

第 4 章

保障收集数据质量的在线激励机制

随着科技的发展，安装了 OBU 的汽车能够在城市环境中收集和共享各种类型的感知数据。但是除了享受科技带来的便利之外，基于车辆的群智感知系统也出现了新的挑战。其中之一是如何激励参与者提供高质量的感知数据，另外就是如何为参与者提供回报，以防止他们退出群智感知系统。本章为群智感知系统设计了一种在线激励机制，并同时考虑感知平台和参与者的利益。对于感知平台，为了收集到大量和高质量的感知数据，本章沿用第 3 章所提出的参与者信誉度定义和更新方法，利用参与者的信誉度值来评估其所提供的数据质量。对于参与者，为了鼓励他们提供数据并且防止他们退出群智感知系统，所提出的激励机制一方面根据任务完成程度和参与者以前的表现，会为被选择的参与者提出一份额外的奖励。另一方面，为了使更多的参与者能够被选中并且得到回报，激励机制会在预算的限制下尽可能多地选择参与者。通过基于真实数据集的仿真与现有方法进行比较，所提机制能够得到更多高质量的数据并且向参与者提供更多的回报。

4.1 引　　言

随着科技的发展，可以收集数据的智能设备种类越来越多。随着越来越多的汽车安装了 OBU（On Board Unit，车载单元），这给了汽车能够收集和分享其周围环境数据的能力。基于收集来的数据，汽车作为感知设备可以为公众提供丰富的应用，如提供路况信息[105]，提供可用停车位位置信息[106]，公共设备问题上报（如故障消防栓、损坏的信号灯）[107]，以及实时跟踪[108]。为了防止参与者边驾车边收集数据时分心造成事故，驾车的参与者可以通过操作方向盘上的按钮决定是否提供数据。一些新的车型司机可以通过语音指令来控制车载系统[109]。语音指令系统可以让驾车的参与者参与感知环境的同时保持手控制方向盘并且眼睛看向道路。

更多种类的智能设备不仅带来了新的群智感知应用，同时也带来了更多的挑战。比如，在第 3 章提出的群智感知激励机制针对的是离线场景，这种场景要求许多参与者同时存在于感知区域，并且在感知区域中的人数不能有太大变化[56]。离线场景可能适合移动速度比较慢的参与者，比如步行或者骑自行车的参与者，因为参与者的移动速度慢，也就使得参与者在执行感知任务期间可能一直在感知区域。但是，如果将汽车等行进速度快的交通工具作为感知设备，那么离线场景将不再适用。随着越来越多的汽车作为节点主动参加群智感知活动，成为感

知系统的志愿者、参与者。在数据收集过程中，车辆的感知能力、移动范围、以及人对数据采集工作的专业程度等因素都会对感知任务完成情况造成影响。这时就需要一种激励机制，在参与者来到感知区域申请执行任务之后，感知平台能够基于参与者自身属性(索要回报、信誉度等)立刻决定是否选择这个参与者收集数据。这种“随来随选”的场景被称为在线场景。总的来说，离线场景中激励机制是静态的，离线的参与者并发的参加感知任务，离线场景假设参与者在感知任务开始时就已经在等待参加任务；而在线场景中激励机制是动态的，在线的参与者以随机顺序参加感知任务，在线场景的参与者可以在任务进行时间段的任意时间参加感知任务。在线场景下群智感知系统基本流程图如图4-1所示。

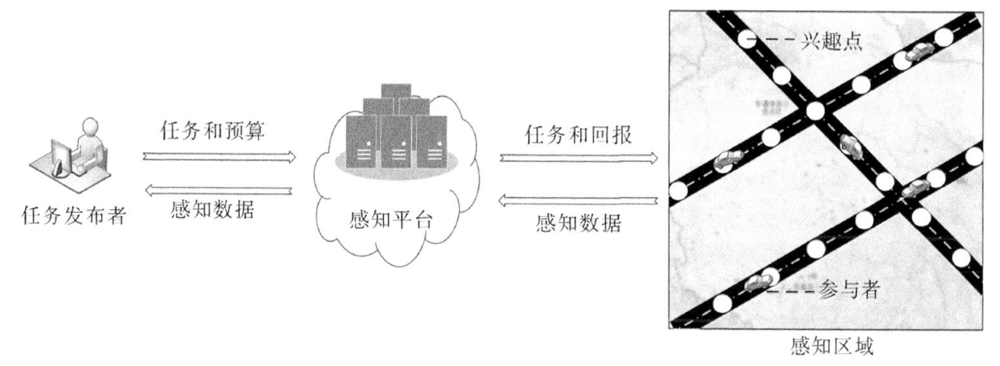

图4-1 在线场景下群智感知系统基本流程图

群智感知系统所用的流程是，对于想要参加群智感知活动的参与者，感知平台首先计算参与者的边际效用密度。边际效用密度值是参与者承诺能提供的数据量和其索要回报的比值。然后，感知平台根据参与者的边际效用密度值和已有的密度阈值作比较，来立刻决定是否选择其收集数据。密度阈值是按照任务发布者要求的感知数据量中还未收集到的数据量和所剩预算的比值。感知平台使用多阶段方法来合理地设置密度阈值，当一个阶段结束，感知平台会根据所剩数据量和所剩预算重新设置阈值。图4-2介绍了本章参与者和感知平台交易的步骤。当参与者向感知平台提出回报要求之后，感知平台会决定是否同意参与者的要求，如果同意，那么参与者上传所收集数据，最后感知平台支付参与者约定的回报[110]。

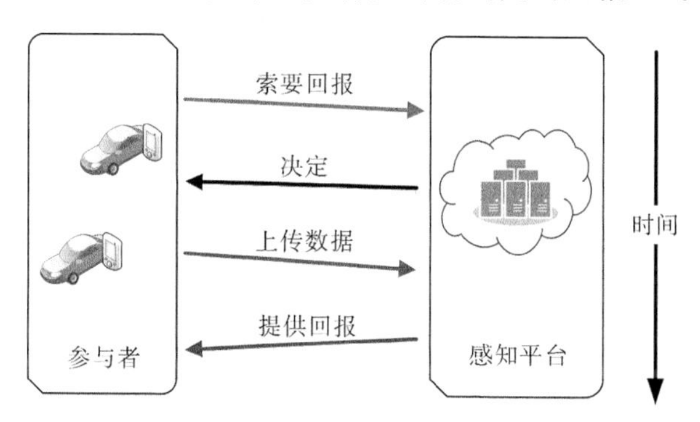

图4-2 在线激励群智感知系统基本交易过程

我们在本章提出一种基于在线场景的群智感知激励机制，该机制同样考虑了感知平台和参与者双方的利益。对于感知平台来说，选择可信参与者，收集尽量多的可用感知数据，进而达到最大化效用的目的，保证感知平台的利益。为了这一目的，我们使用参与者信誉度值预测其上传数据的质量，并且使用参与者边际效用密度来帮助感知平台选择参与者。我们还根据收集数据的情况动态分配预算，使感知平台能够激励招募更多参与者。对于参与者来说，所提出的激励机制既考虑了“多”，又考虑了“广”。“多”体现在除了其索要的回报，参与者还可能根据其信誉度值得到额外的奖励，以用来鼓励他提供更多的感知数据。“广”体现在本章提出的激励机制在预算限制下尽可能多的选择参与者，以使更多的参与者能够得到回报。总体来讲，本章的贡献分为以下四点。

(1) 本章提出了在线场景下的激励机制，感知平台需要根据参与者有限信息立即决定是否同意其收集数据。在线激励机制也为感知平台收集参与者提供了更多的灵活性。

(2) 为了计算出参与者提供的真实边际效用，本章用参与者的信誉度预测其提供感知数据的质量。作者使用单调子模函数来表示感知平台的效用函数。

(3) 本章考虑了感知平台和参与者双方的利益。除了感知平台能够得到最大化效用，激励机制一方面尽可能多地选择参与者，使更多的参与者能够得到回报；另一方面，被选择的参与者也可能得到额外的奖励。为了这一目的本章提出了一个预算和回报分配方法去决定参与者最终得到的回报。

(4) 本章使用真实数据集来验证所提算法，通过和其他方法比较来验证所提算法的准确性和优势。

4.2 在线激励模型

我们考虑基于多阶段处理的群智感知应用。根据任务截止时间，数据收集的过程被分成了若干个阶段，用来帮助感知平台设置好密度阈值，同时给没有被选上的参与者更多的机会在以后的阶段被选择提供数据。密度阈值被用来帮助感知平台快速选择参与者。首先系统在感知区域的道路上根据任务要求设置若干个兴趣点(Point of Interest，PoI)，接下来感知平台开始选择参与者，即如果参与者的边际效用密度不小于密度阈值，那么他将被选中，反之则不会被选中。参与者的边际效用密度是通过他能够提供的感知数据数量和索要回报计算得出的。在一个阶段的最后，感知平台根据本阶段收集的数据情况和总支出重新计算密度阈值。

任务发布者发布一项任务并提供预算，设预算用 B 表示，整个任务要在 T 时间内完成。感知平台将时间段 T 分成 $\lfloor \log_2 T \rfloor+1$ 个阶段，即 $1,2,\cdots,\lfloor \log_2 T \rfloor,\lfloor \log_2 T \rfloor+1$，其中阶段 $\gamma_j, j\in[1,\lfloor \log_2 T \rfloor+1]$ 结束于时间 $\lfloor 2^{(j-1)}T/2^{\lfloor \log_2 T \rfloor} \rfloor$。这里我们使用对数函数分割时间是基于以下考虑：在感知任务刚开始由于密度阈值还没有被恰当的设置好，所以需要减少开始几个阶段持续的时间，用来频繁的设置密度阈值。随着任务的进行，密度阈值逐渐设置妥当而不需要频繁的设置，所以增加各个阶段的时长用来收集数据。接下来继续介绍系统模型，感知区域的兴趣点设为 $P=\{p_1,p_2,\cdots,p_l\}$。每个兴趣点 $p_k\in P$ 要求收集到 ξ_k 个数据。

我们设一群潜在的参与者 $U=\{u_1,u_2,\cdots,u_m\}$，其中 m 未知。每个参与者在 γ_j 阶段的信誉度为 $r_i(\gamma_j)$。每个参与者 u_i 在感知任务执行时到来的时间为 $a_i\in\{1,2,\cdots,T\}$，离开的时间为 $d_i\in\{1,2,\cdots,T\}$，$a_i\leqslant d_i$。他能提供的数据集合设为 P_i。与此同时，他索要的回报设为 c_i，如果他被选中，最终的回报设为 c_i'。

我们的目标是设计一个激励机制满足以下三个特性。

(1) 真实性：感知平台能够得到参与者承诺提供的数据量。

(2) 计算有效性：当参与者到达感知区域时，感知平台分配和支付回报的过程在多项式时间内完成。

(3) 赢利性：被选择的参与者能够得到不少于他索要数量的回报，而感知平台得到不少于成本的回报。

4.3 优化问题

由于参与者可能采用不同的态度和策略收集数据，这也导致不同参与者收集到的数据质量也不同。这里我们使用参与者信誉度来预测其提供数据的质量。

我们首先定义参与者提供数据的策略，接下来使用概率函数表示参与者上传高质量数据的可能性。参与者可以自己决定对待任务的努力程度，即

$$\eta_i(\gamma_j)=\begin{cases}H, & \text{如果} q_i \geqslant \bar{q} \\ L, & \text{如果} q_i < \bar{q}\end{cases} \tag{4-1}$$

式中，H 表示参与者十分努力地去完成任务，相应地提供了高质量的数据。而 L 表示参与者没有努力去完成任务，相应地提供了低质量的数据。q_i 表示参与者 u_i 提供数据的质量，$\bar{q}$ 表示所有参与者提供数据的平均质量。我们假设感知平台只需要高质量的数据，也就是说需要参与者十分努力地去完成任务。值得注意的是，感知平台在选择参与者的时候并不能知道参与者采取什么策略去收集数据，直到每个阶段结束根据所有参与者提供数据才能得到参与者的数据质量。因此感知平台需要预测参与者可能提供的数据质量。

我们用参与者的信誉度值定义其可能提供的数据质量，即

$$P(\eta_i(\gamma_{j+1})=H \mid r_i(\gamma_i))=\begin{cases}\alpha_j, & \text{如果} r_i(\gamma_j) \geqslant \bar{r}(\gamma_j) \\ \beta_j, & \text{如果} i_i(\gamma_j) < \bar{r}(\gamma_j)\end{cases} \tag{4-2}$$

式中，$\alpha_j, \beta_j \in [0,1]$，$r_i(\gamma_j)$ 表示参与者在 γ_j 阶段的信誉度。α_j 和 β_j 的值是可变的，它们的值会在每个阶段结束重新计算。α_j 和 β_j 更新细节会在后面的算法中提到。

基于公式(4-2)，我们定义感知平台通过收集数据得到的效用函数为

$$V^b(S)=\sum_{k=1}^{l}\min(\xi_k, \sum\nolimits_{i \in S}\mathbb{E}_{ik}) \tag{4-3}$$

式中，$\mathbb{E}_{ik}$ 表示参与者 u_i 在兴趣点 p_k 收集高质量数据的期望，参与者提供高质量数据的期望可以表示为 $\sum_{k=1}^{l}\mathbb{E}_{ik} = |P_i| \cdot P(\eta_i(\gamma_{j+1}) = H \mid r_i(\gamma_j))$，其中 l 表示感知区域兴趣点的总数。任务发布者要求每个兴趣点收集数据组成的效用函数为 $V(\zeta)=\sum_{k=1}^{l}\{\zeta_k\}$。

我们接下来计算 $V^b(S)$ 的理论最大值。对于某个兴趣点 $p_k \in P$，用离散随机变量 Z_k 表示在此兴趣点收集到的数据数量。类似于一个站点等公交车的人数服从泊松分布[111]，群智感知活动中每个兴趣点可能收到的感知数据数量好比公交站点等车的人数。因此我们设某个兴趣点 $p_k \in P$ 可能收集到的数据量服从参数为 κ_k 的泊松分布。离散随机变量 Y_k 表示提供的数据中高质量数据的数量。从公式(4-1)可知感知数据的质量被分成两种，即高质量感知数据和低质量感知数据，所以收集的感知数据中高质量感知数据数量服从参数为 Z_k 和 p_k 的二项分布。通过以上描述，我们得到如下结论。

命题 4.1 高质量数据的数量服从参数为$\kappa_k \cdot p_k$的泊松分布。

证明:高质量数据数量的概率可以表示为

$$\begin{aligned} P(Y_k = y) &= \sum_{z_k=0}^{\infty} P(Y_k = y \mid Z_k = z) \cdot P(Z_k = z) \\ &= \sum_{z=y}^{\infty} \left[\binom{z}{y} \cdot p_k^y \cdot (1-p_k)^{z-y} \right] \cdot \left[\frac{e^{-\kappa_k} \cdot \kappa_k^z}{z!} \right] \end{aligned} \tag{4-4}$$

式中,如果 $z<y$,那么 $P(Y_k=y|Z_k=z)=0$。接下来公式(4-4)可以化简为

$$P(Y_k = y) = \frac{(\kappa_k \cdot p_k)^y \cdot e^{-\kappa_k}}{y!} \cdot \sum_{z=y}^{\infty} \frac{((1-p_k) \cdot \kappa_k)^{z-y}}{(z-y)!} = \frac{(\kappa_k \cdot p_k)^y}{y!} e^{-\kappa_k \cdot p_k} \tag{4-5}$$

从公式(4-5)可以得出高质量数据的数量服从参数为 $\kappa_k \cdot pr_k$的泊松分布。

经过证明,我们得以得到高质量数据数量的期望,为$E(Y_k) = \sum_{y=0}^{\infty} y \cdot P(Y_k = y) = \kappa_k \cdot p_k$。感知数据是高质量的概率$p_k$为

$$\begin{aligned} p_k &= P(\eta=H) = P(\eta=H, r \geqslant \bar{r}) + P(\eta=H, r<\bar{r}) \\ &= P(\eta=H | r \geqslant \bar{r}) \cdot P(r \geqslant \bar{r}) + P(\eta=H | r<\bar{r}) \cdot P(r<\bar{r}) \\ &= \alpha \cdot p' + \beta \cdot (1-p') \end{aligned} \tag{4-6}$$

式中,$\alpha=\alpha_j$,$\beta=\beta_j$,$p'=P(r \geqslant \bar{r})$。

公式(4-2)我们知道平均信誉度值和提供高质量数据的概率之间有着某种联系,这里用$\alpha=\zeta_1 \cdot p'$和$\beta=\zeta_2 \cdot$ pcc′表示,其中ζ_1和ζ_2服从贝塔分布(β distribution),即$\zeta_1 \sim \mathrm{Beta}(w_1, w_2)$,$\zeta_2 \sim \mathrm{Beta}(w_3, w_4)$。这里我们使用贝塔方程基于如下原因:①$\alpha$,$\beta$和$p'$的值永远大于等于零,也就是说$\zeta_1$和$\zeta_2$的值也永远大于等于零。②$\alpha$,$\beta$和 p'的值会根据具体场景持续变化,需要一个灵活的函数来体现它们之间的关系,而贝塔函数满足这两种情况。基于此公式(4-6)可以化简为

$$p_k = \zeta_1 \cdot p'^2 + \zeta_2 \cdot p' \cdot (1-p') = (\zeta_1 - \zeta_2) \cdot p'^2 + \zeta_2 \cdot p' \tag{4-7}$$

对公式(4-7)针对 p'求偏导,得到

$$\frac{\partial p}{\partial p'} = 2 \cdot (\zeta_1 - \zeta_2) \cdot p' + \zeta_2 \tag{4-8}$$

我们首先讨论$\zeta_1 \neq \zeta_2$的情况,另一种情况会在之后讨论。我们让公式(4-8)中$\frac{\partial p}{\partial p'}=0$,得到$p'=\zeta_2/(2 \cdot (\zeta_2-\zeta_1))$。我们对公式(4-8)继续求偏导来检验得到 p' 的值是否是最大值,有

$$\frac{\partial^2 p}{\partial p'^2} = 2 \cdot (\zeta_1 - \zeta_2) \tag{4-9}$$

根据 $p \geqslant 0$,$\zeta_1>0$ 和$\zeta_2>0$ 推导得到$\zeta_1<\zeta_2$。由此我们知道当时,p 的值最大,即 $p=\zeta_2^2/(4 \cdot (\zeta_2-\zeta_1))$。那么$V^b(S)$的最大值为

$$\max V^b(S) = \sum_{k=1}^{l} \min\left(\xi_k, \frac{\kappa_k \cdot \zeta_2^2}{4 \cdot (\zeta_2 - \zeta_1)}\right), \zeta_1 \neq \zeta_2 \tag{4-10}$$

我们接下来讨论的情况$\zeta_1=\zeta_2$,那么公式(4-8)可以化简为$\frac{\partial p}{\partial p'}=\zeta_2>0$,也就是说公式(4-7)是一个单调递增函数,当 $p'=1$ 时$V^b(S)$得到最大值,即

$$\max V^b(S) = \sum_{k=1}^{l} \min(\xi_k, \kappa_k \cdot \zeta_2), \zeta_1 = \zeta_2$$

基于以上两种情况，可知$V^b(S)$的最大值为

$$\max V^b(S)=\begin{cases}\sum_{k=1}^{l}\min\left(\xi_k,\dfrac{\kappa_k\cdot\zeta_2^2}{4\cdot(\zeta_2-\zeta_1)}\right), & \text{if } \zeta_1\neq\zeta_2\\ \sum_{k=1}^{l}\min(\xi_k,\kappa_k\cdot\zeta_2), & \text{if } \zeta_1=\zeta_2\end{cases}\tag{4-11}$$

感知平台通过考虑参与者可能提供的效用来决定是否选择其上传数据。如何衡量每个参与者提供的效用是其中一个重要的挑战。我们发现经济学的学者通常使用边际效用衡量商品的效用，并且提出了边际效益递减规律，即随着个人消费越来越多的某种物品，他从中得到的新增的或边际的效用量是下降的[112]。这个理论同样适用于群智感知活动，群智感知系统中的感知平台为参与者提供的数据支付报酬。随着感知平台不断地收集感知数据，由参与者提供的数据产生的边际效用随之减少。特别地，当感知平台按照任务发布者的要求收集到了足够的数据，那么对于感知平台来讲，接下来再多的数据其所能提供的边际效用也是零。边际效用递减规律可以用单调子模函数来表示。我们得到如下结论。

引理 4.1　公式(4-3) 是单调子模函数。

证明：首先我们给出单调子模函数的定义。

定义 4.1 (单调子模函数)假设有 n 个元素的集合 W，对于任意 $X\subseteq Y\subseteq W$ 且 $x\in W\backslash Y$，那么函数 f:$2W\rightarrow R$ 被称为单调子模函数，但且仅当 $f(X\cup\{x\})-f(X)\geqslant f(Y\cup\{x\})-f(Y)$ 并且 $f(X)\leqslant f(Y)$成立。

基于定义，可以知道对于函数 $V^b(S)=\sum_{j=1}^{l}\min(\xi_j,\sum_{i\in S}\mathbb{E}_{i,j})$，任意$S_1\subseteq S_2\subseteq S$ 且$u_k\in S\backslash S_2$，能够得到

$$V^b(S_1\cup\{u_k\})-V^b(S_1)=\sum_{j=1}^{l}\min\left(\max\left(0,\xi_j-\sum_{i\in S_1}\mathbb{E}_{i,j}\right),\mathbb{E}_{i,j}\right)\geqslant$$
$$\sum_{j=1}^{l}\min\left(\max\left(0,\xi_j-\sum_{i\in S_2}\mathbb{E}_{i,j}\right),\mathbb{E}_{i,j}\right)\geqslant V^b(S_2\cup\{u_k\})-V^b(S_2),V^b(S_1)\leqslant V^b(S_2)\tag{4-12}$$

基于以上结论，我们使用$V_i^b(S)=V^b(S\cup\{u_i\})-V^b(S)$来表示参与者$u_i$提供数据的边际效用，$S$ 表示已经选择的参与者集合。当感知平台收集到参与者u_i提供的数据并从中选择出高质量的数据之后，其提供的实际边际效用为$V_i^a(S)=V^a(S\cup\{u_i\})-V^a(S)$。那么在选择出高质量数据之后，感知平台实际得到的效用函数为

$$V^a(S)=\sum_{k=1}^{l}\min\left(\xi_k,\sum_{i\in S}x_{i,k}\right)\tag{4-13}$$

当感知平台选择出高质量感知数据之后，如果$p_k\in p_i$，那么$x_{i,k}=1$，反之 $x_{i,k}=0$。因为感知平台的目的是在预算限制下收集到高质量的数据，那么本章的优化目标为

$$\begin{gathered}\text{Maximize}:V^a(S)\\ \text{Subject to}:\sum_{u_i\in S}c'_i\leqslant B\end{gathered}\tag{4-14}$$

式中，c'_i是参与者u_i获得的最终回报。由于参与者都有一个回报，我们使用$V_i^b(S)/c_i$来表示某个参与者u_i的边际效用密度，边际效用密度值越大，感知平台单位成本得到的边际效用越大。我们所提的问题是一个关于集合覆盖的NP难问题[42]。接下来我们使用密度阈值$\Delta\rho_j$帮助感知平台在线选择参与者。

4.4 回报和额外奖励的动态分配

在本节我们首先介绍激励和预算分配方法，然后我们提出针对优化问题的解决方案。

4.4.1 激励机制介绍

接下来我们介绍激励和预算分配方法。被选择的参与者不仅能获得他索要的回报，而且可能获得一份额外的奖励，用来鼓励参与者继续提供高质量的数据。我们根据每阶段感知数据收集情况动态的分配预算。对于某一阶段γ_j，总预算被分成两部分：基础预算B_f和奖励预算B_b。基础预算用来招募参与者，提供参与者所要求的回报，而奖励预算用来根据被选择参与者的信誉度给予奖励。

这里划分总预算基于两个原因：(1)由于所提出的激励机制考虑了感知平台和参与者双方的利益，感知平台要收集数据而参与者要得到尽可能多的回报，这也是两部分预算的功能。(2)群智感知活动的目的是选择参与者并鼓励他们提供数据。如果收集的数据量不够，那么感知平台需要增加基础预算多招募参与者，如果收集的数据量已经差不多足够，那么感知平台将会减小基础预算的投入转而增加奖励预算的投入。每部分预算量将在每个阶段结束重新分配。

虽然每个阶段的时长不一样，但是我们并没有根据时长分配预算，这是因为：首先群智感知活动的目的是按照任务发布者的要求收集足够数量的数据，这也就要求感知平台在任何阶段都要收集尽可能多的数据。其次如果感知平台根据阶段的时长划分预算，持续时间段的阶段预算也少，持续时间长的阶段预算多，有可能发生参与者没选择完但是预算用光了的情况。为了避免以上两种情况发生，我们选择不按照各个阶段的时长划分预算。

因为预算被划分为两部分，划分预算的方法要根据任务完成情况划分预算。这里我们使用信息质量满意度指数Λ_j来确定任务的完成情况。基于信息质量满意度指数值我们得到预算划分因子$\varepsilon_j=\min(\Lambda_j,\lambda)$。其中$\lambda$是一个不大于0.5的参数，即奖励预算最多能占总预算的50%。这是因为群智感知首要任务还是收集感知数据，然后才是激励参与者，所以激励预算需要比基础预算低。

4.4.2 激励机制算法

在线场景任务分配(Online Incentivizing Task Assignment，OITA)方法如算法3所示。算法3的主要思想是感知平台选择边际密度大于密度阈值的参与者，以最大化效用，而参与者得到不少于他要求的回报。

在每个阶段γ_j，第一步，算法3将预算分为基础预算$B^f=(1-\varepsilon_j)*B_j$，以及奖励预算$B^b=\varepsilon_j*B_j$。第二步，算法3的第3行到第12行是在线任务分配方法。算法3的第8行显示的是额外奖励部分，如果有足够的奖励预算给参与者u_i，那么他能得到的奖励为$c^b=(V^b(S)/\Delta\rho_j-c_i)*r_i$；如果没有足够的奖励预算，那么他能够得到的奖励为$c^b=B^b$。第9行显示的是如果参与者$u_i$向感知平台提供了他所保证数量的感知数据，那么他最后得到的回报。第三步，当一个阶段结束，算法3会计算参与者所提供的数据的数量。如果最后提供的数量少于他当时保证的量，那么他最后能得到的回报为$c_i'=c_i-c^d$，其中c^b是奖励，c^d是扣除参与者u_i没提供的数据量(第16行至20行)。第四步，因为任务发布者所要求的截止时间T被划分成了$\lfloor\log_2 T\rfloor+1$

个阶段，在每个阶段结束，算法 3 会将被选择的参与者加入集合 S 中。然后根据本阶段收集数据的情况，计算新的密度阈值 $\Delta\rho_j+1$，基础预算 B^f 和奖励预算 B^b，我们通过算法 4 来计算这三个值。最后这些结果为新阶段的参与者选择提供依据。

Algorithm 3 在线场景任务分配方法

Input：感知区域截止时间 T；感知任务阶段预算 B_j；感知任务要求的数据量 ξ；

Output：效用值 $V^a(\mathcal{S})$；

1：$(B_j^f, B_j^b) \leftarrow ((1-\varepsilon_j)B_j, \varepsilon_j B_j)$；

2：$(\Delta\rho_j, T', t, \mathcal{S}', \mathcal{U}', \mathcal{S}) \leftarrow (V(\xi)/B_j^f, \lfloor T/2^{\lfloor \log_2 T \rfloor} \rfloor, 1, \emptyset, \emptyset, \emptyset)$；

3：**while** $t \leqslant T$ **do**

4：　　在时间 t 到来而且不在集合 $\mathcal{S}'$ 中的参与者加入集合 $\mathcal{U}'$；

5：　　**while** $|\mathcal{U}'| \neq 0$ **do**

6：　　　$u_i \leftarrow \mathrm{argmax}_{u_i \in \mathcal{U}}(V_i^b(\mathcal{S}))$；

7：　　　**if** $\Delta\rho_j \leqslant V_i^b(\mathcal{S})/c_i$ and $B_j^f \geqslant c_i$ **then**

8：　　　　$\mathcal{S}' \leftarrow u_i$；$c_i^b = \min\{(V_i^b(\mathcal{S})/\Delta\rho_j - c_i)r_i, B_j^b\}$；

9：　　　　$c_i' = c_i^b + c_i$；$B_j^b = B_j^b - c_i^b$；$B_j^f = B_j^f - c_i$；

10：　　　**end if**

11：　　　$\mathcal{U}' = \mathcal{U}' \backslash u_i$；

12：　　**end while**

13：　　**if** $t = T'$ **then**

14：　　　　$\mathcal{U}_S = \emptyset$；

15：　　　　在时间 t 离开的参与者从 $\mathcal{S}'$ 中去掉，加入集合 $\mathcal{S}$ 和 $\mathcal{U}_S$；

16：　　　　**for** $i = 1 \rightarrow |\mathcal{U}_S|$ **do**

17：　　　　　计算边际效用 $V_i^{b'}(\mathcal{S})$；

18：　　　　　$c_i^d = c_i * (V_i^b(\mathcal{S}) - V_i^{b'}(\mathcal{S}))/V_i^b(\mathcal{S})$；$c_i' = c_i - c_i^d$；

19：　　　　　$B_j^f = B_j^f + c_i^b$；$B_j^b = B_j^b + c_i^d$；

20：　　　　**end for**

21：　　　　$(\Delta\rho_{j+1}, B_{j+1}^f, B_{j+1}^b) \leftarrow$ **TSM**$(\mathcal{U}_S, \mathcal{S}, B_j^f + B_j^b)$；$T' = 2T'$；

22：　　　　**if** $\Delta\rho_{j+1} == 0$ **then**

23：　　　　　break；

24：　　　　**end if**

25：　　**end if**

26：　　$t = t+1$；

27：**end while**

28：**return** $V^a(\mathcal{S})$；

我们接下来介绍阈值设定方法(Threshold Setting Method，TSM)，如算法 4 所示。算法 4 第 2 行先计算信息质量满意度值 Λ_j 和预算划分因子 ε_j。当划分完预算之后，算法 4 开始计算参与者提供的数据中高质量数据的数量并更新其信誉度值，如第 4 行至 25 行所示。接下来算法 4 计算期望的边际效益和实际边际效益的差值，以及 α 和 β 的值。在算法 4 第 26 行我们将实际和期望的效益差值表示为 δ_j，其中 U_s 表示本阶段选择的参与者，$g>1$ 决定了新差值的大小。图 4-3 所示当 $g=1.1$，1.13，1.15 和 1.3 时新差值的大小。第 27 行执行的方程的思想是，如果期望的效益值和实际的效益值一致，也就是说感知平台已经按照预期收集到了足够的数据，那么下一阶段的密度阈值就不需要被低估，即 $\delta_j=1$。相反的，如果感知平台没有按照预期收集到足够多的数据，那么下一阶段的密度阈值需要被低估，以保证下一阶段能够选择到足够多的参与者。最后，算法 4 的余下部分得出了新的阈值 $\Delta\rho_j+1$ 并和两部分预算一起反馈给算法 3。

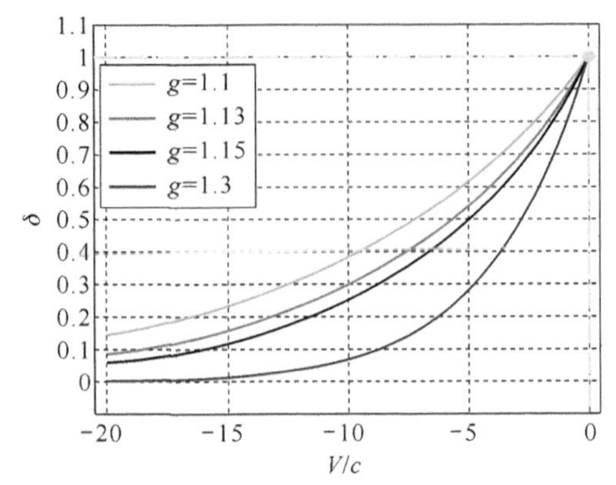

图 4-3　g 取不同值所得到的曲线图

Algorithm 4 阈值设定方法

Input：某一阶段选择的参与者集合 $\mathscr{U}_S$；选择的参与者总集合 $\mathscr{S}$；阶段预算 B_j；

Output：密度阈值 $\Delta\rho_{j+1}$；基础预算 B^f_{j+1}；基础预算 B^f_{j+1}；

1：$\bar{q} = \sum_{i\in\mathscr{U}_s} q_i / |\mathscr{U}_S|$；

2：$A_j = 1 - \| A^r - A^a \|_F / \| A_r \|_F$；$\varepsilon_j = \min(A_j, \hat{\lambda})$；

3：$(B^b_{j+1}, B^f_{j+1}, u\_mum) \leftarrow (\varepsilon_j B_j, (1-\varepsilon_j) B_j, 0)$；

4：**for** $i = 1 \rightarrow |\mathscr{U}_S|$ **do**

5：　$\alpha\_num = 0$；$\beta\_num = 0$；$k = 1$；

6：　**if** $r_i(\gamma_j) \geqslant \bar{r}(\gamma_j)$ **then**

7：　　$u\_num = u\_num + 1$；

8：　　**while** $k <= |\mathscr{P}_i|$ **do**

9：　　　**if** $q_i \geqslant \bar{q}$ **then**

10：　　　　$\alpha\_num = \alpha\_num + 1$；

11：　　　**end if**

12：　　　$k = k + 1$；

13：　　**end while**

14：　　$\alpha_i = \alpha\_num / |\mathscr{P}_i|$；

15：　**else**

16：　　**while** $k <= |\mathscr{P}_i|$ **do**

17：　　　**if** $q_i \geqslant \bar{q}$ **then**

18：　　　　$\beta\_num = \beta\_num + 1$；

19：　　　**end if**

20：　　　$k = k + 1$；

21：　　**end while**

22：　　$\beta_i = \beta\_num / |\mathscr{P}_i|$；

23：　**end if**

24：　$r_i(\gamma_{j+1}) = \frac{1}{\pi} \arctan(\theta * (r_i(\gamma_j) + r^f_i))$；

25：**end for**

26：$\bar{r}(\gamma_{j+1}) = \sum_{i\in\mathscr{U}_s} r_i(\gamma_{j+1}) / |\mathscr{U}_S|$；$\delta_j = g^{[V^a(\mathscr{U}_S) - V^b(\mathscr{U}_S)] / \sum_{i\in\mathscr{U}_S} c'_i}$；

27：$\alpha_j = \sum \alpha_i / u\_num$；$\beta_j = \sum \beta_i / (|\mathscr{U}_S| - u\_num)$；$\Delta\rho_{j+1} = \delta_j((V(\xi) - V^a(\mathscr{P})) / B^f_{j+1})$；

28：**return** $\Delta\rho_{j+1}, B^f_{j+1}, B^b_{j+1}$；

我们接下来用四个属性来分析所提出的激励机制。

命题 4.2 感知平台能够得到参与者保证的数据量。

证明:我们用博弈论的相关知识来解释命题 4.2[113]。假设参与者可能采取以下两种策略。

- 策略 1(S_1):参与者依据他保证的数据量贡献数据。
- 策略 2(S_2):参与者实际贡献的数据没有达到他保证的数据量。

针对以上两种策略参与者最终能得到的回报分别设为$c_i'(S_1)$和$c_i'(S_2)$,它们的值如表 4-1 所示。从表中可以看出,我们分析了参与者u_i现在可能得到的回报,以及根据他选择的不同策略所造成的将来能得到的回报,其中"将来情况 1"表示参与者无论采用了哪种策略,他在将来都会被选中;"将来情况 2"表示参与者采用策略 1 后,将来会被选中,而采用策略 2 之后不会被选中。这里要说明的是不会出现参与者采用策略 2 之后,将来会被选中,反而采用策略 1 不会被选中。这是因为参与者选择策略 1 之后的信誉度值会高于选择策略 2 的信誉度值,即$r_i(S_1)>r_i(S_2)$,这就造成了$V^b(S_1)\geqslant V^b(S_2)$,其中$V^b(S_1)$表示参与者$u_i$选择策略 1 之后能够提供的边际效用,$V^b(S_2)$表示他选择策略 2 之后能够提供的边际效用。基于算法 1 我们知道如果参与者在选择策略 2 之后还能被选中,那么同样的情况下他选择策略 1 肯定也能被选中,反之则不成立。参与者先前保证却没有提供的那部分数据,扣除的回报值为c^d。未来参与者u_i能够得到的奖励分别设为$f(r_i(S_1))$和$f(r_i(S_2))$。由于$c_i^b=\min((V_i^b(S)/\Delta\rho_j-c_i)*r_i, B_j^b)$,所以我们知道$f(r_i(S_1))\geqslant f(r_i(S_2))$,也就是说策略 1 对于参与者$u_i$来说是最佳策略,因为它能够最大化回报,同时感知平台也能得到参与者保证的数据。

表 4-1 参与者获得的最终回报

策略	现在	将来情况 1	将来情况 2
S_1	$c_i+c_i^b$	$c_i+f(r_i(S_1))$	$c_i+f(r_i(S_1))$
S_2	$c_i-c_i^d$	$c_i+f(r_i(S_2))$	0

命题 4.3 提出的算法是可以有效计算的。

证明:我们针对群智感知活动的某一阶段来证明命题 4.3。算法计算每个参与者边际效用所用的时间复杂度为$O(|P_i|)$,最坏的情况是$O(l)$。基于此,每一阶段中计算参与者回报的时间复杂度为$O(U'*l)<O(m*l)$(算法 3 第 5 至 12 行)。接下来算法检查参与者贡献的数据量,需要$O(|U_s|*l)$。由于$U_s\subset U'$,也就是说最坏情况下,即所有参与者都在某阶段结束前离开,那么时间复杂度为$O(U'*l)$ time(算法 3 第 16 至 20 行)。我们接下来分析算法 4 的情况,其最坏情况下时间复杂度为$O(U'*l)$,所以每一阶段总时间复杂度为$O(m*l)$。

命题 4.4 被选中的参与者能够得到不少于他要求的回报。

证明:因为被选中的参与者可以得到的回报为$c_i'=c_i^b+c_i$,其中

$$c_i^b=\min\left(\left(\frac{V_i^b(S)}{\Delta\rho_j}-c_i\right)*r_i, B_j^b\right) \tag{4-15}$$

由于 $cb\geqslant 0$ 恒成立,所以 $c_i'\geqslant c_i$,即命题成立。

命题 4.5 感知平台能够得到不少于其支出的赢利从公式(4-15)可知

$$c^b\leqslant(V^b(S)/\Delta\rho_j-c_i)*r_i \tag{4-16}$$

然后,基于公式(4-16),我们有

$$c_i^b + c_i - \frac{V_i^b(S)}{\Delta \rho_j} \leqslant \left(\frac{V_i^b(S)}{\Delta \rho_j} - c_i\right) * r_i + c_i - \frac{V_i^b(S)}{\Delta \rho_j} \leqslant (1-r_i) * c_i - (1-r_i) * V_i^b(S)/\Delta \rho_j \tag{4-17}$$

因为

$$\Delta \rho_j \leqslant V_i^b(S)/c_i \text{ and } \Delta \rho_j > 0, c_i > 0 \Rightarrow c_i \leqslant V_i^b(S)/\Delta \rho_j \tag{4-18}$$

而且

$$1-r_i \geqslant 0 \tag{4-19}$$

基于公式(4-18)和公式(4-19),将公式(4-17)变成:

$$c_i^b + c_i - \frac{V_i^b(S)}{\Delta \rho_j} \leqslant 0 \Rightarrow c_i^b + c_i \leqslant V_i^b(S)/\Delta \rho_j \tag{4-20}$$

所以,命题成立。

4.5 实验与结果分析

在本节我们先介绍实验用数据集和设计实验过程,接着展示实验结果和讨论。

4.5.1 实验设计

我们使用两组真实数据集来对提出的在线激励方法进行评估:首先是模拟参与者的位置,这里我们用轨迹数据集来实现。其次是模拟参与者在某个位置上传的数据,这里我们假设参与者上传的数据就是他的 GPS 位置信息。这里用参与者上传的 GPS 数据与其所在地点的真实数据的差值来衡量参与者上传数据的质量,差值越小说明参与者上传的数据离真实数据越接近,即数据质量越好。我们用地图偏移数据来模拟上传数据的差值。

(1) 我们使用罗马出租车的轨迹数据集作为参与者的轨迹,该数据集收集了 320 辆出租车超过 30 天的 GPS 信息[114]。每一条轨迹都包括了出租车司机 ID,时间戳和出租车经纬度位置。

(2) 我们用地图偏移数据来模拟参与者上传数据的差值,并检验第 3.3 节提到的信誉度更新过程。地图偏移值指的是同样一个点在现实 GPS 中的定位和在电子地图定位的差值。我们使用百度地图中的深圳某一地区的地图来偏移数据。

我们采取如下步骤来设置我们的实验平台。

(1) 因为所有轨迹分散在罗马的各个地方,我们选择了一块$(800\times500)\mathrm{m}^2$ 的长方形区域,并在其中选择了 5 条道路作为感知区域。该区域接近罗马的 Parco Adriano 公园,在台伯河(Tiber River)的北岸,接近梵蒂冈的东部。

(2) 被选择区域的 1 040 条轨迹作为参与者的轨迹来源于 316 名参与者,即$|U|=316$。因为这些轨迹记录来源于不同的时间,在试验中我们假设它们来源于同一天。图 4-4 显示了 1 040条轨迹。每条轨迹的长度各不相同,大多数在 50～200 m 之间。

(3) 间隔 1 m 的兴趣点分布在上述 5 条道路上,总共有 2 582 个兴趣点。我们设定每个兴趣点需要 2 份感知数据。任务需要持续 86 400 秒(一天),共分成 17 个阶段。由于参与者索要的回报在现实生活中可能是多种类型,比如现金或者积分值,这里我们使用无量纲单位来表

示参与者索要回报。预算从 100 增加到 1 000，每次增加 100。参与者索要的回报是从 1 到 10 的随机数。我们设定算法 4 第 26 行显示的参数 $g=1.1$。

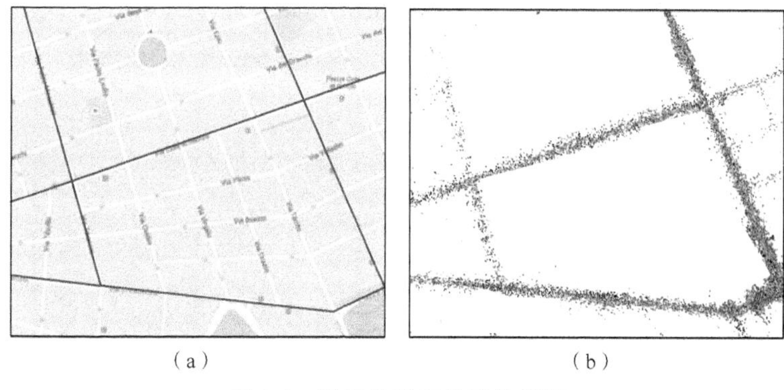

（a）　　　　　　　　　　（b）

图 4-4　罗马出租车轨迹数据图

（4）我们使用地图偏移数据来模拟参与者上传数据的差值。地图偏移数据的取值范围在 1.250～1.360 千米，其中大部分数据的取值范围在 1.275～1.325 千米。

我们选择了两个其他的激励机制来比较我们所提算法（记作“OITA”）的性能。其中一个对比方案来自于文献[72]（记作“OMG”）。该方案也使用在线机制选择参与者，不同于我们提出的机制，OMG 使用贪婪算法计算密度阈值，在每个阶段结束，感知平台会将选择的参与者的边际密度从大到小排列，然后选择提供最大效用值的一组参与者直到该阶段的预算用完，并用这个结果重新计算下阶段的密度阈值。另外一个对比方案类似于第一个对比方案，不同的是该方案随机决定下阶段的密度阈值（记作“Random（OMG）”）。

4.5.2　实验结果

图 4-5（a）显示不同方法在预算限制下得到的 $V^b(S)$ 值，OITA 得到了最多的 $V^b(S)$ 值。图中显示 OITA 的 $V^b(S)$ 值在预算 $B=100$ 时为 2 457.5，随着预算增加到了 1 000，$V^b(S)$ 随之增长到了 5 855.2。图 4-5（b）中显示在 OITA 得到的 $V^a(S)$ 值多于其他两个方案，其中最低和最高 $V^a(S)$ 值分别来自于 $B=100$ 和 $B=1\ 000$，$V^a(S)$ 值分别为 1 328 和 2 379。

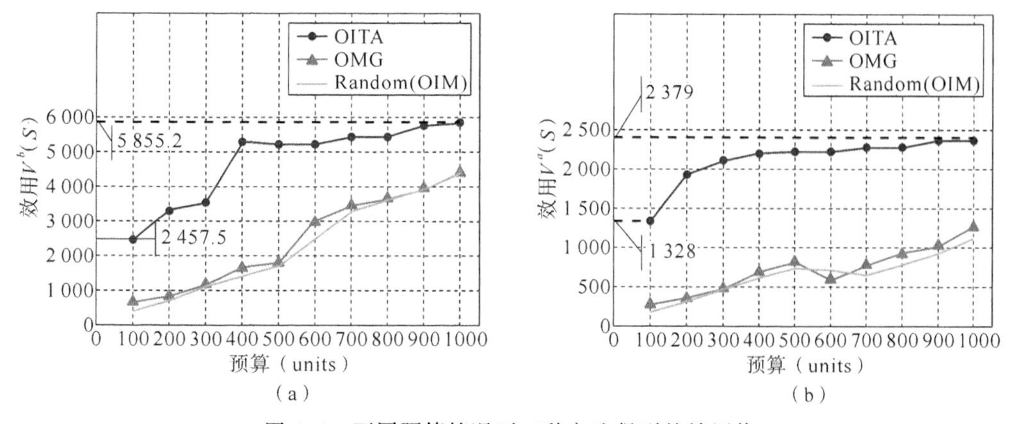

图 4-5　不同预算情况下三种方法得到的效用值

图 4-6(a)显示在相同预算情况下，OITA 能够选择出更多的参与者，也证明了提出的算法可以帮助感知平台得到更多的数据，并且选择更多的参与者，使更多的参与者能够得到回报。从图 4-6(b)可以看出 OITA 的信息质量满意度指数要好于其他两种方法，意味着 OITA 更能够满足任务发布者的要求。从图中可以看出当预算 $B=600$ 时，OITA 比其他两种方法高出了 74.0%。

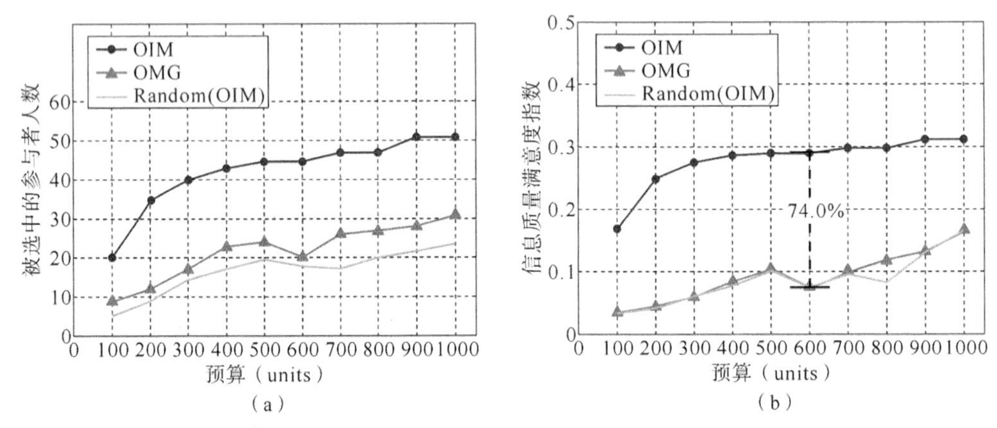

图 4-6　不同预算情况下选择参与者的人数以及信息质量满意度指数值仿真结果比较

我们随机选择两个参与者(参与者 11 和参与者 134)，他们的信誉度曲线如图 4-7(a)所示。可以看到参与者 11 在任务进行的两个阶段提供了数据，但是他提供了低质量的数据所以信誉度值降低。而参与者 134 在某一阶段提供了高质量的数据，进而他的信誉度值增加。图 4-7(a)证明了我们所提的信誉度模型可以反映参与者的行为。表 4-2 显示当参与者选择不同策略上传数据之后他能够得到的回报和相应的信誉度值。可以看到选择策略 1(S_1)得到的回报和信誉度值都比选择策略 2(S_2)要高，如表 4-2 所示。

表 4-2　参与者选择不同策略获得的回报和信誉度值

	参与者 45	参与者 61	参与者 109	参与者 228
策略 1 回报	3.49	8.36	4.79	6.93
策略 2 回报	1.74	7.83	1.82	6.93
策略 1 信誉度值	0.589 1	0.623 9	0.579 4	0.575 6
策略 2 信誉度值	0.445 9	0.445 9	0.432 0	0.432 5

为了检验所提机制是否考虑了参与者的利益，即参与者是否可能得到额外的奖励。我们进行了实验并得到了实验图 4-7(b)和图 4-8。图 4-7(b)可以看出分给被选择参与者的回报要高于他所要求的。图 4-8 显示的是具体到个人的回报分配情况。由于我们选择了和 OMG 不同的密度阈值计算方法，导致 OITA 的各方面要好于 OMG。OMG 使用贪婪算法并设置了一个高的密度阈值，无形中阻挡了一些参与者提供数据的机会。而 OITA 根据一阶段收集数据的情况和剩余预算来设置密度阈值，这种方法显得更合理。从图 4-5(a)我们可以看出 OMG 选择参与者的数量要低于 OITA，这也造成了其得到较低的效用值。

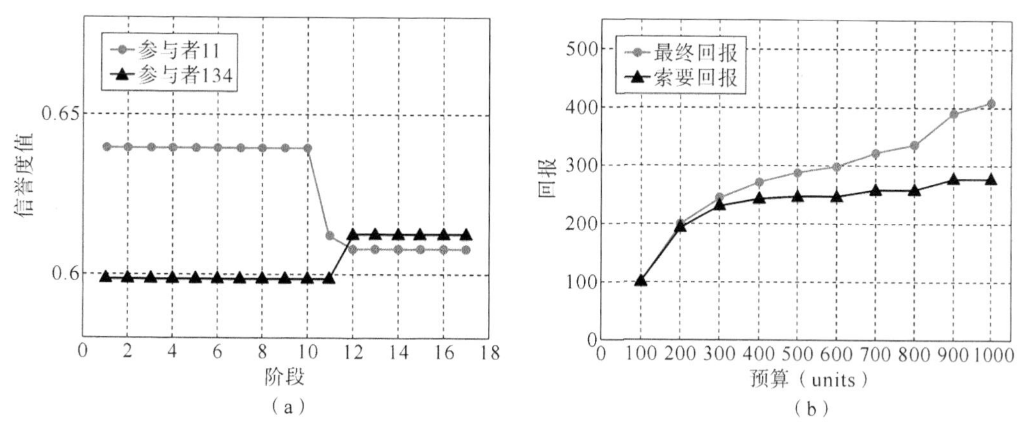

图 4-7　随机选取的两个参与者得到的信誉度值和不同预算情况下被选择参与者获得的总回报仿真图

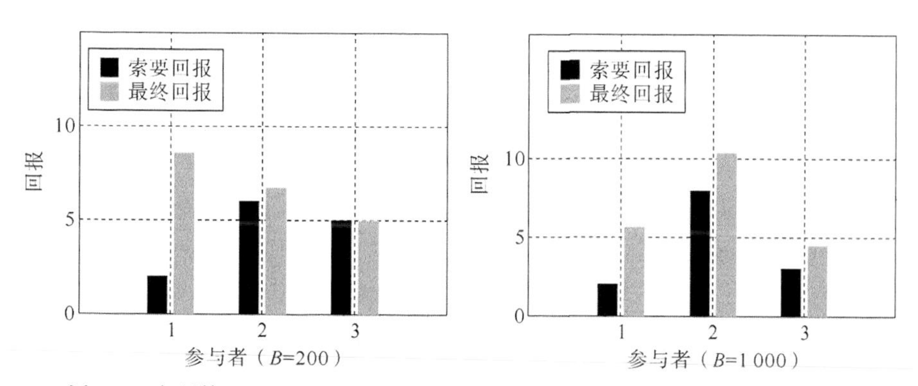

图 4-8　在预算 $B=200$ 和 1 000 的情况下参与者索要回报和最终回报的比较

4.6　本章小结

随着科技的发展，安装了车载单元的汽车能够在城市环境中收集和共享各种类型的感知数据。但是除了享受科技带来的便利之外，基于车辆的群智感知系统也出现了新的挑战。本章设计了一个群智感知系统在线激励机制。该机制考虑了感知平台和参与者双方的利益，除了感知平台在预算限制下能够得到最多的效用，被选择的参与者可以得到满意的回报以促使他们继续贡献数据。本章将问题规划为在线场景下参与者选择问题，即参与者向感知平台索要回报，感知平台根据参与者能够提供的边际效用密度选择一组参与者以最大总效用。对于被选择的参与者来说，可能得到额外奖励。为了给更多参与者得到回报的机会，感知平台会尽可能多地选择参与者。通过基于真实数据集的仿真实验结果可知，所提的方法能够在预算限制下得到更多的高质量数据以及使参与者获得更多的回报。激励机制的作用之一就是鼓励参与者提供相当数量的高质量数据，也就是说，激励机制是手段，而得到高质量数据是最终目的。为此，在接下来的两章主要研究如何收集高质量数据问题。

第 5 章

感知数据预测与收集

群智感知为人们提供了一种新的收集数据的方法，它鼓励普通人利用智能设备收集和共享感知数据。然而，无法控制的数据质量是阻碍群智感知可用性和严谨性的关键问题之一。本章为群智感知系统提出了一种高质量数据收集机制。该机制基于第 4 章所述的在线场景，即参与者逐个到达感知地点并通知感知平台参加感知任务。当参与者到达时，该机制首先采用二项泊松分布预测其可能上传高质量数据的数量，然后所设计的数据收集机制通过预测的数据数量和参与者索要的回报值综合考虑决定是否选择其参加感知任务。本章使用两级迭代算法来计算二项泊松分布中的参数值。通过仿真实验证明，与其他方案相比，本章提出的方法具有更高的有效性和鲁棒性。

5.1 引　　言

数据在现代社会变得越来越有价值，数据的需求无论从种类上还是从数量上与数据生产收集水平之间的矛盾越来越凸显。群智感知系统中任务发布者需要的是参与者收集的数据，数据质量的好坏直接决定着感知系统能否持续进行，数据质量的度量包括：精确性、完整性、时效性、可信度等方面。

一些学者已经针对群智感知中存在的数据质量问题展开了研究，比如，文献[115]设计了一种通过最大化服务质量来选择感知任务参与者的方法。文献[116]将传统的任务分配问题化解为线下和线上任务分配两个子问题来解决。文献[117]将用户移动模式相关的统计数据与感知任务时空需求结合起来，从而达到最优选择参与者的目的。文献[118]在群车智能的环境下，提出了一种根据车辆可预测未来轨迹以便最优地选择车辆参与者的方法。此外，文献[119]中，作者通过任务空间需求和用户历史轨迹的匹配程度进行参与者的选择。文献[120]提出了两种分别面向参与者有意移动的实时应用和非实时应用的多任务参与者选择方案。文献[74]虽然考虑了任务质量，但是他们只用参与者收集数据的时间来衡量每个人的数据质量，并没有考虑到数据质量的其他方面。文献[60]使用信誉度简单加权的方式去衡量数据的价值，方法过于简单，而且文章没有提到如何更新信誉度。文献[121]使用群智感知技术设计了虚拟广告牌，用图片代替纸张，并以图片像素来衡量感知数据质量，但是这种方法不能从参与者源头来预判哪些参与者能提供高水平的数据，只能收集到数据之后才能计算得出数据质量。文献[122]着重研究群智感知隐私和数据真实性的问题，文章没有提到激励和参与者选择等研究问题。文献[123]研究的是群智感知中需要参与者自己选择并上传答案的问题，如哪有好餐厅这类问题，但是其研究中没有考虑

上传数据的真实性，即数据质量。文献[124]研究的是参与者收集数据后如何能高效地上传数据到感知平台，但是其没有考虑如何用激励机制去选择参与者的问题。

如第 2 章所述，多数群智感知系统采用“先决定价格”的方法来组织参与者上传数据，即感知平台会在收到参与者上传的数据之前先付给其回报。这种方法虽然被认为是符合群智感知系统的普遍方法，但是采用这种方法会使感知平台为低质量的数据支付和高质量数据同样的报酬。因此，感知平台需要一种策略来保证在预算的限制下可以收集到一定数量的高质量数据。而现阶段的策略不外乎先验质量和后验质量这两种方式。先验质量方式普遍使用参与者信誉度来衡量每个参与者的可信度，进而选择高信誉度参与者上传的数据[33,45]。然而，因为信誉度值是一个累加的过程，这个过程中需要精心设计一种信誉度值更新方法来不断更新信誉度。此外，如果没有一个合适的信誉度更新方法，那么系统可能无法阻止那些恶意的参与者上传低质量数据。而后验质量方式会因为感知平台支付低质量数据而浪费预算。

为了解决以上问题，本章针对道路交通环境监控系统中参与者提供的 GPS 数据，提出了一个基于单任务的感知数据质量预测方法。该方法基于真实场景设计，即参与者在不同时间以随机顺序逐一到达。当某个参与者到达，所提的方法首先会用先验质量的方式预测其可能上传的高质量数据的数量，接下来再根据预测结果和其索要的回报决定是否选择他上传数据。不同于先验质量方式中的设计信誉度更新方法，本章方法使用二项——泊松分布（Binomial-Poisson Distribution，BPD）来对参与者可能上传的高质量数据的数量进行建模。并用期望最大（Expectation Maximization，EM）方法来估计二项——泊松分布中的参数值。总体来说，本章的贡献分为三点。

（1）本章为群智感知系统提出了一个基于单任务的感知数据预测方法，该方法考虑了参与者的回报和可能上传的高质量数据的数量。

（2）本章使用二项泊松分布来对参与者可能上传的高质量数据的数量进行建模。并用二次迭代算法估计分布中的参数值。

（3）本章使用真实数据集来验证所提算法。通过和其他方法比较来验证所提算法的准确性和优势。

5.2　感知数据预测模型

本节我们设计所提的系统模型。群智感知系统的基本流程如图 5-1 所示。首先任务发布者针对某一感知区域发布任务，要求感知平台在 T 时刻之前收集 N 个数据，任务的预算为 B。任务发布者同时还要求一个数据质量误差阈值 ε，即感知数据和真实数据之间的误差不能超过这个阈值。接下来有一群对该任务感兴趣的参与者 $U=\{u_1,u_2,\cdots,u_m\}$ 在不同时间以随机顺序到达，参与者个数 m 未知。每个参与者 u_i 都有一个到达时间 $a_i\in\{1,2,\cdots,T\}$ 和离开时间 $d_i\in\{1,2,\cdots,T\}$，$a_i\leqslant d_i$，在这段时间内参与者会使用其智能设备以一定频率提供数据。我们假设他可能上传的数据数量为 z_i。其中高质量数据的数量为 y_i。同时参与者 u_i 还有一个回报要求 c_i。然后感知平台根据每个参与者自身的属性选择参与者。最后，当时间到达 T 或者预算用完，感知平台处理收集到的数据并上传给任务发布者。对于没有历史数据的新参与者，感知平台会先要求其免费或者提供少量的回报让其收集数据，以用来积累他的历史数据。接下来我们将要介绍感知数据预测方法。

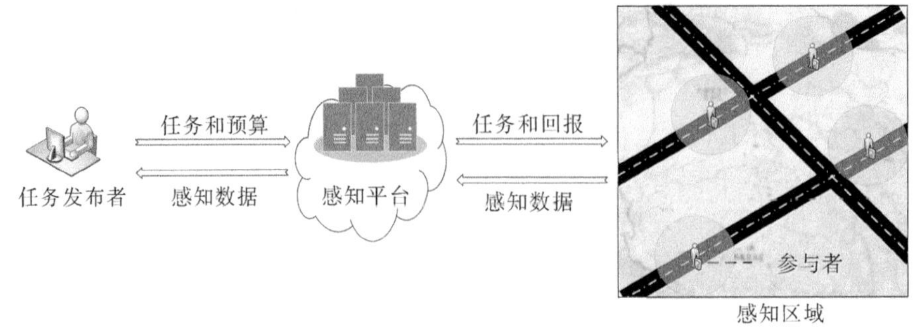

图 5-1 群智感知数据预测系统基本流程图

5.3 感知数据预测方法

泊松分布是用途最为广泛的离散分布之一，许多领域的数据都满足泊松分布假设[125]。文献[126]提出对于一个参与者来说，其上传数据会有一个固定的频率(比如每分钟 2 份数据)，而这符合泊松分布。因此，在本章中我们假设参与者上传数据的数量服从泊松分布。我们用离散随机变量Z_i表示参与者u_i可能上传数据的数量，其服从参数为λ_i的泊松分布。离散随机变量Y_i表示其中可能存在的高质量数据的数量，它服从参数为Z_i和p_i的二项分布。这里p_i表示参与者u_i可能上传高质量数据的概率。基于如上所述，随机变量Y_i的概率为

$$\begin{aligned} P(Y_i = y_i) &= \sum_{z_i=0}^{\infty} P(Y_i = y_i \mid Z_i = z_i) \cdot P(Z_i = z_i) \\ &= \sum_{z_i=y_i}^{\infty} \left[\binom{z_i}{y_i} \cdot p_i^{y_i} \cdot (1-p_i)^{z_i-y_i} \right] \cdot \left[\frac{e^{-\lambda_i} \cdot \lambda_i^{z_i}}{z_i!} \right] \end{aligned} \tag{5-1}$$

式中，当$z_i < y_i$时$P(Y_i = y_i | Z_i = z_i) = 0$。那么公式(5-1)可以简化为

$$P(Y_i = y_i) = \frac{(\lambda_i \cdot p_i)^{y_i} \cdot e^{-\lambda_i}}{y_i!} \cdot \sum_{z_i=y_i}^{\infty} \frac{((1-p_i) \cdot \lambda_i)^{z_i-y_i}}{(z_i-y_i)!} = \frac{(\lambda_i \cdot p_i)^{y_i}}{y_i!} \cdot e^{-\lambda_i \cdot p_i} \tag{5-2}$$

式中，$e^{-\lambda_i \cdot p_i} = e^{-\lambda_i} \cdot \sum_{w_i}^{\infty} ((1-p_i) \cdot \lambda_i)^{w_i} / (w_i!)$，$w_i = z_i - y_i$。

从公式(5-2)中我们知道随机变量Y_i服从参数为λ_i，p_i的泊松分布。接下来我们将使用最大似然估计来试着计算参数值。假设参与者u_i参与了 k 次感知任务。那么服从泊松分布的随机变量所$Y_{i1}, Y_{i2}, \cdots, Y_{ik}$组成样本的概率密度函数 $f(y_i;\theta_i)$，其中向量$\theta_i = (\lambda_i, p_i)$。对于每一个观察向量$(y_{i1}, y_{i2}, \cdots, y_{ik})$，其联合概率函数为 $F(y_i;\theta_i)$，那么似然函数为

$$F_k(y_i;\theta_i) = \prod_{j=1}^{k} P(Y_i = y_{ij} \mid \lambda_i \cdot p_i) = \prod_{j=1}^{k} \frac{(\lambda_i \cdot p_i)^{y_{ij}}}{y_{ij}!} e^{-\lambda_i \cdot p_i} \tag{5-3}$$

作为最大化函数(5-3)的替代，我们最大化 $\log F_k(y_i;\theta_i)$，有

$$L(\theta_i) = \log F_K(y_i;\theta_i) = \sum_{j=1}^{k} (y_{ij} \cdot \log(\lambda_i \cdot p_i) - \lambda_i \cdot p_i - \log y_{ij}!) \tag{5-4}$$

我们使用 EM 算法来估计θ_i。EM 算法是一种通过迭代计算逼近最大似然估计量的方法[127]。EM 算法分两步：(1)E 步：计算对数似然函数的条件期望。(2)M 步：最大化 E 步计算所得的条件期望。为了求出参数值，我们假设有一组观察向量$z_{i1}, z_{i2}, \cdots, z_{ik}$丢失。这组向量中的参

数满足在有z_{ij}个感知数据的情况下，有y_{ij}个高质量数据服从参数为z_{ij}和p_i的二项分布，而且对于每个$j=1,2,\cdots,k$，这个条件分布是独立同分布的。感知数据数量$z_{i1},z_{i2},\cdots,z_{ik}$独立同分布而且服从参数为$\lambda_i$的泊松分布。这里函数(5-4)可以写成$L(\theta_i)=L_1(\phi_1)+L_2(\phi_2)$的形式，其中：

$$\begin{cases} L_1(\phi_1)\sum_{j=1}^{k}\log\left(\binom{z_{ij}}{y_{ij}}\cdot p_i^{y_{ij}}\cdot(1-p_i)^{z_{ij}-y_{ij}}\right) \\ L_2(\phi_2)=\sum_{j=1}^{k}\log\frac{\mathrm{e}^{-\lambda_i}\cdot\lambda_i^{z_{ij}}}{z_{ij}!} \end{cases} \tag{5-5}$$

基于函数(5-5)，接下来有

$$\begin{aligned} L(\theta_i)= & \log p_i\cdot\sum_{j=1}^{k}y_{ij}+\log(1-p_i)\cdot\sum_{j=1}^{k}z_{ij}- \\ & \log(1-p_i)\cdot\sum_{j=1}^{k}y_{ij}-k\cdot\lambda_i+\log\lambda_i\cdot\sum_{j=1}^{k}z_{ij} \end{aligned} \tag{5-6}$$

有了上面的函数，我们开始计算 EM 算法的 E 步：

$$\begin{aligned} Q(\theta_i;\theta_i^{(s)})= & \log p_i\cdot\sum_{j=1}^{k}y_{ij}+\log(1-p_i)\cdot\sum_{j=1}^{k}\mathbb{E}_{\theta_i^{(s)}}[z_{ij}\mid y_{ij}]- \\ & \log(1-p_i)\cdot\sum_{j=1}^{k}y_{ij}-k\cdot\lambda_i+\log\lambda_i\cdot\sum_{j=1}^{k}\mathbb{E}_{\theta_i^{(s)}}[z_{ij}\mid y_{ij}] \end{aligned} \tag{5-7}$$

根据条件概率的定义，在第s轮高质量数据数量是y_{ij}的条件下，参与者u_i提供z_{ij}份数据的概率为

$$P_{\theta_i^{(s)}}(z_{ij}\mid y_{ij})=\frac{P_{\theta_i^{(s)}}(y_{ij}\mid z_{ij})\cdot P_{\theta_i^{(s)}}(z_{ij})}{P_{\theta_i^{(s)}}(y_{ij})}=\frac{[\lambda_i^{(s)}\cdot(1-p_i^{(s)})]^{z_{ij}-y_{ij}}}{(z_{ij}-y_{ij})!}\cdot\mathrm{e}^{-\lambda_i^{(s)}}\cdot(1-p_i^{(s)}) \tag{5-8}$$

接下来函数(5-8)的期望为

$$\begin{aligned} \mathbb{E}_{\theta_i^{(s)}}[z_{ij}\mid y_{ij}] & =\sum_{z_{ij}=0}^{\infty}z_{ij}\cdot P_{\theta_i^{(s)}}(z_{ij}\mid y_{ij}) \\ & =\sigma\cdot[\lambda_i^{(s)}\cdot(1-p_i^{(s)})\cdot\mathrm{e}^{\lambda_i^{(s)}\cdot(1-p_i^{(s)})}+y_{ij}\cdot\mathrm{e}^{\lambda_i^{(s)}\cdot(1-p_i^{(s)})}] \\ & =\lambda_i^{(s)}\cdot(1-p_i^{(s)})+y_{ij} \end{aligned} \tag{5-9}$$

式中，$\sigma=\mathrm{e}^{-\lambda_i\cdot(1-p_i)}$。简化 E 步公式，可得到

$$Q(\theta_i;\theta_i^{(s)})=\log p_i\cdot\sum_{j=1}^{k}y_{ij}+\delta\cdot\tau-\tau\cdot\sum_{j=1}^{k}y_{ij}-k\cdot\lambda_i+\delta\cdot\log\lambda_i \tag{5-10}$$

式中，$\delta=\sum_{j=1}^{k}[\lambda_i^{(s)}\cdot(1-p_i^{(s)})+y_{ij}]$，$\tau=\log(1-p_i)$。接下来我们进行 M 步计算，找到可以使期望最大的θ_i的估计值为

$$\theta_i^{(s+1)}=\arg\max_{\theta_i}Q(\theta_i;\theta_i^{(s)})$$

通过求偏导得到

$$\begin{cases} \frac{\partial Q(\theta_i;\theta_i^{(s)})}{\partial\lambda_i}=-k+\frac{k\cdot\lambda_i^{(s)}\cdot(1-p_i^{(s)})+\sum_{j=1}^{k}y_{ij}}{\lambda_i}=0 \\ \frac{\partial Q(\theta_i;\theta_i^{(s)})}{\partial p_i}=\frac{\sum_{j=1}^{k}y_{ij}}{p_i}-\frac{k\cdot\lambda_i^{(s)}\cdot(1-p_i^{(s)})}{1-p_i}=0 \end{cases} \tag{5-11}$$

由于公式(5-11)中只有参数向量θ_i未知，所以基于 EM 算法，我们提出的参数矢量的估计值为

$$\begin{cases} \lambda_i^{(s+1)} = \dfrac{k \cdot \lambda_i^{(s)} \cdot (1-p_i^{(s)}) + \sum\limits_{j=1}^{k} y_{ij}}{k} \\ p_i^{(s+1)} = \dfrac{\sum\limits_{j=1}^{k} y_{ij}}{\sum\limits_{j=1}^{k} y_{ij} + k \cdot \lambda_i^{(s)} \cdot (1-p_i^{(s)})} \end{cases} \tag{5-12}$$

式中，y_{ij}表示参与者u_i在第j次任务中上传的高质量数据的数量。

在得出参数估计值之后，我们使用高质量数据数量y_i的期望来预测参与者u_i可能上传高质量数据的数量，即$y_i=E(Y_i)=\lambda_i \cdot p_i$，那么他参加群智感知过程中可能提供的高质量数据数量为$y_i=\lambda_i \cdot p_i$。有了这个值，感知平台接下来计算单位回报下参与者可能提供高质量数据的数量，即$\delta=y/c$。由于任务发布者需要在预算B限制下收集到N份高质量数据，这就意味着单位成本下需要收集高质量数据的数量为$\Delta=N/B$。因此如果参与者u_i的δ_i值不小于Δ，那么他就可以被选中，反之则被淘汰。本章的目标是在预算的限制下最大化高质量数据的数量。为了解决这一问题，我们提出了一个数据收集方法(Data Collection Method，DCM)如算法 5 所示。

Algorithm 5 数据收集方法

Input：要收集的数据数量N，任务预算B；
感知区域中参与者集合$\mathscr{U}=\{u_1,u_2,\cdots,u_m\}$；
对于每一个参与者u_i：
历史数据集$Y_i=\{y_{i1},y_{y2},\cdots,y_{ik}\}$；
参与者索要回报c_i；
到达时间a_i，离开时间b_i；
Output：收集的数据；
1：**for** 对于每个参与者 u_i **do**
2：　分别初始化 $\lambda_i=\lambda_i^{(0)}$ and $p_i=p_i^{(0)}$；$s=0$；
3：　**while** $Q(\theta_i;\theta_i^{(s)})$没收敛 **do**
4：　　根据函数(5-12)使用$\lambda_i^{(s)}$ and $p_i^{(s)}$的值计算$\theta_i^{(s+1)}$；
5：　　使λ_i和p_i分别等于$\lambda_i^{(s)}$和$p_i^{(s)}$收敛值；$s=s+1$；
6：　**end while**
7：　使$\hat{\lambda}_i$和$\hat{p}_i$分别等于$\lambda_i^{(s)}$和$p_i^{(s)}$收敛值；
8：　计算参与者u_i在b_i-a_i时间段可能上传的高质量数据数量$\hat{y}_i$；
9：**end for**
10：按照降序排列参与者单位回报、可能上传数据的数量值；
11：**while** $N>=0$ && $B>=0$ **do**
12：　如果$\delta_i\geqslant\Delta$，那么选择这个参与者，重新计算$\Delta=(N-\hat{y}_i)/(B-c_i)$；
13：**end while**
14：**return** 收集的数据

算法 5 的主要流程如下所述。

步骤 1:参与者历史数据将被用来作为输入变量。因为已经有很多后验质量的方法提出[43,44],所以本章假设真实值和参与者历史数据都是已知的。

步骤 2:初始化参与者u_i上传高质量数据的概率p_i和泊松分布参数λ_i(如算法 5 第 2 行所示)。然后 DCM 算法通过 3～6 行代码进行迭代计算。参与者可能上传高质量数据的数量在第 8 行计算。

步骤 3:按照降序排列参与者单位回报、可能上传数据的数量值,并选择参与者直到预算用完或者收集到足够多的数据。

5.4 实验与结果分析

5.4.1 实验设计

我们用如下数据集来对提出的可信参与者选择方案进行评估。

(1) 我们假设参与者上传的数据就是他的 GPS 位置信息。这里用参与者上传的 GPS 数据与其所在地点的真实数据的差值来衡量参与者上传数据的质量,差值越小说明参与者上传的数据离真实数据越接近,即数据质量越好。我们用地图偏移数据来模拟上传数据的差值。地图偏移值指的是同样一个点在现实 GPS 中的定位和在电子地图定位的差值。我们使用百度地图中的深圳某一地区的地图来偏移数据。

(2) 仿真结果通过安装在 2.60 GHz 主频 CPU,4 GB 内存计算机上的 MATLAB 软件得出。

我们采取如下步骤来设置我们的实验平台。

(1) 我们使用地图偏移数据来模拟参与者上传的数据,并估计各个参与者的参数值。地图偏移数据的取值范围在 1.250～1.360 km,其中大部分数据的取值范围在 1.275～1.325 km。我们假设参与者u_i提供数据的数量满足参数$\lambda_i=2$ 的泊松分布并且按照泊松分布随机产生 100 个数,代表参与者共参加了 100 次感知活动,每个数值代表参与者参加感知任务提供的数据数量。

(2) 由于参与者索要的回报在现实生活中可能是多种类型,比如现金或者积分值,这里我们使用无量纲单位来表示参与者索要回报和任务预算。假设有 20 名潜在参与者在任务结束时间 T 之前无序地来到感知区域。我们假设参与者的回报和他采集数据的持续时间的取值范围分别是[10,20]和[5,30]min。

(3) 任务预算的范围在 100～400 之间,每次增加 10。需要的数据总数量为 $N=400$。我们规定数据质量误差阈值在 1.275～1.325 km,每次增加 0.005 km。

我们选择了两个其他的参与者选择机制来比较我们所提算法的性能。其中一个是文献[78]中的对比方案,这个方案把所有感知数据看作拥有相同的质量,进而收集数据直到预算用尽或者达到了所要求的数据数量,这里称此方案为统一定价方案(记作“UPS”)。另外一个对比方案没有考虑预算限制的 DCM 方案(记作“DCM w/o budget limit”)。

5.4.2 实验结果

实验结果如图 5-2～图 5-4 所示。

由图 5-2(a)我们观察到，当误差阈值 $\varepsilon=1.3$ 时，我们提出的方法在预算 $B=100,110,\cdots,400$ 的情况下实际准确率保持在 82.36%到 88.02%之间。参与者上传高质量数据的期望准确率保持在 82.40%～82.73%之间。值得注意的是实际准确率是实际收到的高质量数据的数量和上传的数据数量的比值。期望准确率是期望收到的高质量数据的数量和上传数据数量的比值。由图 5-2(b)我们观察到当预算 $B=200$ 时，我们提出的方法在误差阈值 $\varepsilon=1.275,1.280,\cdots,1.325$ 的情况下实际准确率保持在 70.7%～96.2%之间。而期望准备率保持在 80.3%～83.7%之间。因为我们随机设定的泊松分布参数的初始值，并且虽然实际准确率随着误差阈值的增加一直在增长，但是我们把参与者可能上传高质量数据的初始概率值始终固定在 0.9，这就造成了图 5-2(a)和图 5-2(b)中出现了曲线交叉的情况。

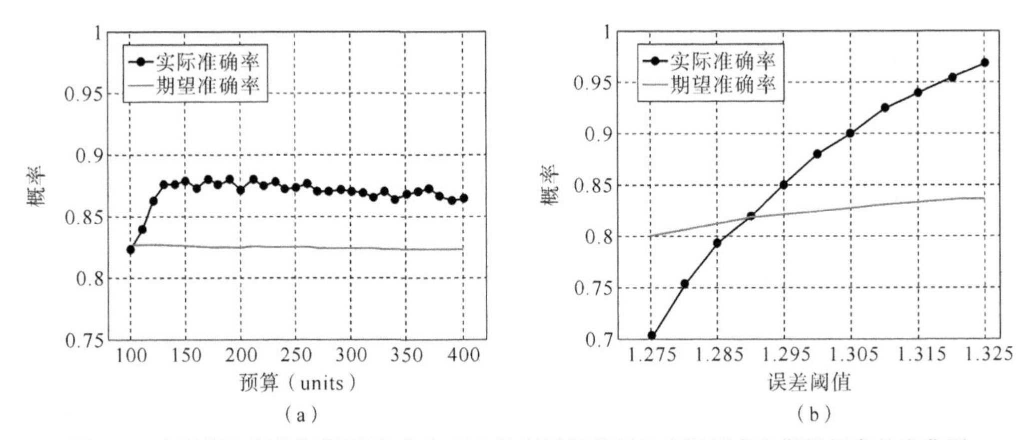

图 5-2　在预算和误差阈值不同，参与者上传高质量数据的实际概率和期望概率的变化图

我们随机选择 6 个参与者来验证所提机制的性能，如图 5-3(a)和图 5-3(b)所示。从这两幅图我们可以看到参与者实际上传的高质量数据的数量和期望得出的数量最大落差为9.4%，期望概率和实际概率最大落差为 11.1%。

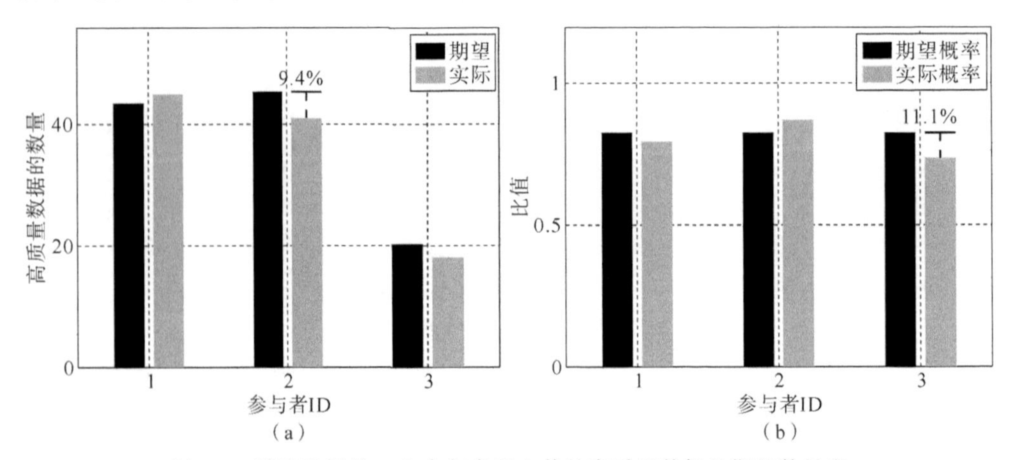

图 5-3　随机选择的 3 个参与者所上传的高质量数据的期望数量和实际数量，以及期望概率和实际概率仿真比较图

由图 5-4(a)我们可以看出当误差阈值 $\varepsilon=1.3$ 时，在预算 $B=100,110,\cdots,400$ 的情况下 3 种方法收集到的高质量数据的数量。当 $B=100$ 时高质量数据的数量分别为 78.4，181.0 和 341.3。虽然其他两种方法所得的高质量数据比提出的方法要多，但是在预算 $B=140$ 之后我们提出的算法始终比其他两种方法得到更多的高质量数据。图 5-4(b)显示当 $B=200$ 时，在误差阈值 $\varepsilon=1.275,1.280,\cdots,1.325$ 的情况下 3 种方法收集到的高质量数据的数量。我们提出的方法始终比其他两种方法收集到更多数量的数据。

造成图 5-4(a)和图 5-4(b)的原因是，我们提出的方法首先预测参与者可能提供的高质量数据的数量，并以此为依据收集数据。由于预算少，造成得到的数据较少，不能很好地预测参与者的可能性。随着预算增多，得到的数据也增多，进而预测的参数更加准确。

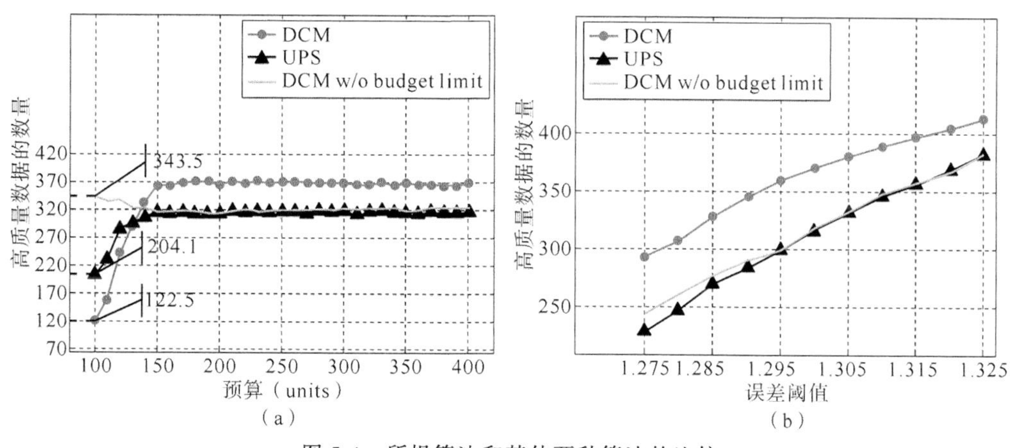

图 5-4　所提算法和其他两种算法的比较

5.5　本章小结

在群智感知系统中，感知数据由参与者提供，这种方法虽然可收集种类丰富的信息，但是由于参与者具有很大的不确定性(如行为的随机性，设备所携带传感器的异构性等)，这都会极大地影响群智感知网络中的信息质量，从而给群智感知系统的设计提出了很大的挑战。本章提出了一种基于单任务的感知数据预测机制，并基于在线场景设计，在参与者随机到达时预测其可能上传的高质量数据的数量，结合其索要的回报共同决定是否选择他上传数据。本章使用二项泊松分布来对参与者上传高质量数据的数量建模。并用期望最大方法来估计二项泊松分布中的参数值。通过基于真实数据集的仿真实验结果可知，所提的方法能够在预算限制下得到更多的高质量数据。不同于本章用概率论的知识预测数据质量，进而直接得到高质量数据，第 6 章从可信参与者选择方面入手，通过选择可信参与者进而得到高质量数据。

第 6 章

可信参与者选择策略

群智感知活动鼓励普通人通过使用智能手机、平板电脑和可穿戴设备等便携式智能设备来收集和共享感知数据。虽然群智感知有许多优势，相比传统数据收集方法，其能够节约部署传感器所花费的开销，但是它也存在着许多问题和挑战，如参与者隐私保护、设备节能优化、激励分配等，可见数据可信性的不可控无疑是最主要的挑战之一。相比那些固定在特定地点提供高质量数据的静态传感器，从智能设备收集到的感知数据质量是不可控的，而且在不知道所收集数据可信度的情况下支付这些数据报酬是不可取的。本章根据参与者的信誉度值，提出在预算限制下最大化所收集数据的总可信度。具体来说，本章提出了一个最大化感知数据可信度问题，并提出了一种可信参与者选择算法来取得近似最优解。通过使用真实数据集得到的仿真结果表明，本章提出的算法比其他两种算法收集到了更多的可信数据。

6.1 引　　言

群智感知系统需要参与者提供有效的数据。由于不同参与者使用智能设备的习惯不同，导致其收集数据的质量也不尽相同，加之不同参与者向感知平台索要的回报数量不同，而感知平台的预算有限，这些原因使得参与者选择成为群智感知研究中一个重要的问题[128,129]。信息质量的度量包括精确性、完整性、时效性、可信度等方面。在群智感知系统中，感知数据由参与者提供，但是参与者具有很大的不确定性（如行为的随机性、设备所携带传感器的异构性等），这都会极大地影响群智感知网络中的信息质量，从而给群智感知系统的设计提出了很大的挑战。

有些文章关注了群智感知中数据质量的问题。文献[130]利用地理位置 LBS 服务释放的激励来引导参与者使之均匀地分布在不同的地理位置上，从而达到感知区域的全覆盖，满足数据的完整性。文献[78]通过设计一种激励机制来保障感知平台收集到高质量感知数据。文献[131]设计了一种用于推理丢失数据，并将观测数据与推理数据融合发现真实数据的方法，以达到收集数据的精确性和可信性。文献[132]提出了一种充分考虑参与者相关性进行真实数据发现的方法。文献[133]提出一种基于同态加密将用户数据加权加密的方法，从而在保护参与者隐私的前提下，发现真实数据。文献[58]使用反向竞价机制选择参与者，虽然这种方式可以让平台选择索要回报最少的参与者，但是没有考虑数据质量和参与者的可靠性。文献[134]提出一种分布式的参与者选择和任务分配算法。文献[49]只考虑了多任务条件

下参与者选择问题，其假设参与者的激励和其采集数据的价值均已知，其参与者选择方法的原理是使参与者收集数据的价值与所消耗激励的差异最高，但是并没有考虑每个任务的质量问题。虽然文献[101]改进了文献[49]中提出的方法，提出如何计算参与者搜集数据价值的方法，但是没有考虑参与者自身信誉度对数据质量的影响。文献[135]着重针对环境问题，用能耗作为指标选择参与者，但是没有考虑对参与者激励(回报)的问题。

数据可信性代表着感知数据的质量等级。任务发布者需要的是可信数据，如果他们购买数据的质量总是很低或者收集到的数据根本不可用，那么任务发布者可能会考虑退出感知系统。而且，因为感知数据是由没受过专业训练的普通人收集的，这就导致收集的数据质量参差不齐。综上所述，群智感知系统中需要有一种策略来保证收集到的数据的可信性。这其中有一种策略就是选择可信的参与者，用他们的信誉度值来表示他们的可信等级。这里信誉度记录值表示一个人过去的行为，通过信誉度值选择可信参与者从而减少由不诚实或者随意行为对系统造成的损坏和威胁，进而保护系统免受可能的误用和滥用。但是现有的可信参与者选择方法仍然有其明显的不足。比如，一些研究成果并没有考虑参与者的回报和感知系统的预算限制，而这些是群智感知系统不可或缺的一部分[33,45]。另外一个不足是一些研究成果没有考虑收集的数据的分布问题。一般情况下，当一个任务发布者要求一个群智感知任务，他会要求感知平台去收集某一区域的信息。如图 6-1 所示，如果选择的参与者，或者说收集的数据全都来自同一个区域(这里用格子来代表区域)，而这个格子只是整个区域的一部分，那么收集上来的数据并不能代表这个区域的整体情况(图 6-1 中例子 1 所示，* 代表收集的数据)。但是如果选择的参与者提供的数据来源于不同的格子(如例子 2 所示)，那么这些数据将会更准确地反映该区域的整体情况[73]。因此，在本章里我们考虑的是感知平台在不同格子中选择参与者。

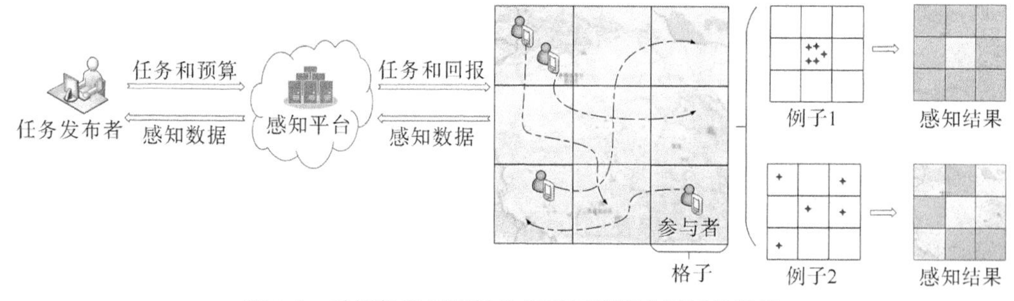

图 6-1　采样数量相同但分布不同所导致不同的结果

为了解决上述问题，本章提出了一种在有限任务预算下最大化数据可信度的机制。这里总体的数据可信度受两方面影响：参与者的信誉度值和他们的位置分布。拥有高信誉度的参与者更可能提供高可信度的感知数据。与此同时，在不同位置选择参与者，使所收集数据的分布均匀，可以更全面地反映区域情况。所以，本章把要解决的最大化数据可信度问题分成了两个子问题：一个是选择信誉度高的参与者最大化总信誉度值，另一个是在不同格子里选择参与者来最大化感知格子的数量。本章将这两个子问题合并成一个多目标优化问题，并设计一种可信参与者选择方法来解决此多目标优化问题。本章的贡献有如下三个方面。

(1) 本章沿用第 3 章所定义的参与者信誉度，将参与者的意愿和数据质量作为衡量参与者信誉度值的标准。不同于第 3 章的是，本章使用另一种信誉度值量化方法。

(2) 本章提出了一个多目标优化问题，这个优化问题的目标是最大化被选择参与者总信誉度值和被感知的格子的数量。之后提出了一个可信参与者选择方法并用其解决这个优化问题。

(3) 本章使用真实数据集来验证所提算法。通过和其他方法比较可以看出,所提算法更能够提高数据可信度。

6.2 可信参与者选择模型

如图 6-1 所示,当一个任务发布者发布一项感知任务,比如电子地图应用,可通过收集 GPS 数据来计算电子地图偏差,进而修正电子地图。首先他将需要感知的区域地点和预算发送给感知平台。然后感知平台将要感知的区域划分成若干个子区域或者格子,记作 $L=\{l=1,2,\cdots,L\}$。格子的大小由任务本身的特点决定,在本章中不作为讨论。接下来感知平台将要收集参与者的信息,假设有一群参与者 U 通过感知区域,并且参与者的总数为 $I=|U|$。感知平台需要给被选择的参与者支付回报。设每个参与者索要的回报为 $C=\{c_i|i\in[1,I]\}$。由于预算有限,感知平台需要考虑参与者索要的回报和他们的信誉度值之后决定哪些参与者可以上传数据。参与者信誉度集合为 $R=\{r_i|i\in[1,I]\}$。每个参与者都有一个唯一的身份识别号。感知平台将格子 j 中的参与者u_i记为u_i^j,$i\in[1,f_z],j\in[1,L],z\in[1,L]$。其中$u_i^j$表示在第 j 个格子中的参与者u_i,f_z表示在同一个格子里的参与者数量,并且 $\sum_{z=1}^{L} f_z=I$。被选中的参与者集合设为$F'=\{u_i|i\in[1,I']\}$,并且有 $I'\leqslant I$。被感知的格子集合设为 $L'=\{l'=1,2,\cdots,L'\}$,并且 $L'\leqslant L$。

6.3 参与者信誉度的定义和更新

参与者信誉度是一个长期积累的指标,它被用来估计参与者的可信度和预测他们未来的行为。由于在第 3 章已经介绍过信誉度的定义,这里不再累述。下面将介绍基于本章场景的参与者意愿定义和量化方法,以及信誉度反馈和更新方法。

6.3.1 信誉度定义

我们把参与者 u_i的信誉度定义为两部分:(1)参与者的意愿(表示成 w_i, $\forall i$)。(2)数据质量(表示成 q_i, $\forall i$)。数据质量指的是参与者贡献的数据的质量,如准确性等。类似于文献[73]对数据质量的定义,这里我们将数据质量设置为在 [0,1] 范围之间的值。数据质量值的范围从非常不可信(0) 到非常可信(1)。参与者的意愿表现的是参与者上传数据的热情度。关于参与者意愿的定义和更新的细节将在第 6.3.2 节中进行描述。

6.3.2 参与者意愿的定义和更新

我们基于信誉度更新方程[136]来定义群智感知信誉度系统中参与者意愿更新方程。我们规定参与者答应上传数据的时间越长,他能得到的意愿值越低。这里我们考虑了所有参与者答应上传数据的平均时长。综上所述,我们定义参与者的意愿更新方程为

$$w_i^n = w_i^o \cdot \rho^{(1-t_i/\bar{t})} \tag{6-1}$$

式中，w_i^n表示参与者得到的新的意愿值，w_i^o表示参与者从前的意愿值w_i，因子 $\rho>1$ 用来决定w_i^n的值，t_i是参与者u_i答应上传数据所用时长，$\bar{t}$表示所有参与者答应上传数据的平均时长。

参与者的信誉度包含他的意愿和所传数据的质量，这两部分相辅相成、同等重要。试想如果参与者采取消极态度上传数据，那么感知平台可能只能收到少量数据，甚至收集不到数据。另外，即使感知平台得到了数据，但是数据质量普遍很低，这就意味着收集的数据对感知平台和任务发布者来说都没用处。参与者的意愿和所传数据的质量两者的同等重要性不仅表现在它们共同构成了参与者的信誉度，而且也表现在它们的取值范围。为了体现这种同等重要性，我们重写方程(6-1) 为

$$w_i = \min(w_i^n, 1) \tag{6-2}$$

式中，$w_i = [0,1]$表示参与者的意愿值。

6.3.3　信誉度的反馈和更新

方程(6-3)为信誉度方程[137]：

$$r_i^f = \frac{r_i^+ + r_i^-}{r_i^+ + r_i^- + 2} \tag{6-3}$$

式中，r_i^f表示信誉度反馈值，r_i^+表示参与者得到正面的评价值，r_i^-表示参与者得到负面的评价值。

根据方程(6-3)，我们接下来定义群智感知系统中正面和负面的评价。我们定义参与者的评价包含两部分：参与者的意愿w_i和数据质量q_i。我们规定参与者上传数据之后，他的信誉度反馈只能由一种评价值决定。由于群智感知系统的主要任务是收集可信数据，因此我们使用数据质量q_i和所有数据质量的平均值 $\bar{q}$ 来决定信誉度反馈值。我们规定，当$q_i \geqslant \bar{q}$ 时，即参与者上传的数据可信，那么$r_i^+ \neq 0$ 而$r_i^- = 0$；相反的，如果$q_i < \bar{q}$，即上传的数据不可信，那么$r_i^- \neq 0$而$r_i^+ = 0$。方程(6-3) 可以被重写成：

$$r_i^f = k \cdot \frac{w_i + q_i}{w_i + q_i + 2} \tag{6-4}$$

式中，r_i^f表示参与者u_i的反馈值。k 是一个因子来决定参与者每次可以得到的反馈值。从图 6-2可以看出，当 $k=1, k=-1, k=-5, k=-7$ 以及 $k=-9$ 时反馈值的变化。我们规定，当$q_i \geqslant \bar{q}$ 时 $k>0$，r^f被称作“正反馈”；当 $q_i < \bar{q}$时 $k<0$，r_i^f被称作“负反馈”。

6.3.4　信誉度更新

参与者的信誉度值是根据其历史行为进行量化累加的值。参与者贡献数据之后，信誉度模块会基于其历史信誉度值，根据反馈值进行更新。

我们定义参与者信誉度值的取值范围是[0,1]。信誉度值从非常不可信(0)，中性(0.5)到非常可信(1)。我们定义信誉度更新函数如下：

$$r_i^n = \frac{1}{\pi} \cdot \arctan[\alpha \cdot (r_i^o + r_i^f)] + \frac{1}{2} \tag{6-5}$$

式中，r_i^n表示参与者u_i得到的新的信誉度值，r_i^f表示反馈值，α 是一个因子来决定参与者一次更

新得到(失去)的信誉度值。从图 6-2(a)可以看出,当 $\alpha=1,\alpha=0.3,\alpha=0.1$ 以及 $\alpha=0.005$ 时反馈值的变化。α 值越高,参与者每次得到(失去)的信誉度值越多。从图 6-2(b)可以看出,信誉度公式(6-5) 满足好信誉上升得慢,坏信誉下降得快这个要求。

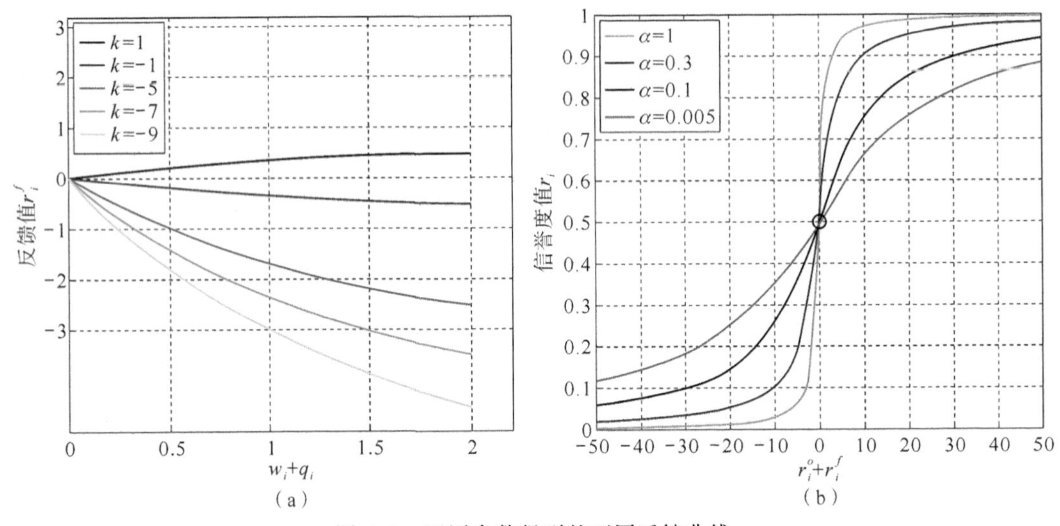

图 6-2 不同参数得到的不同反馈曲线

6.4 可信参与者选择问题和解决方案

本章的优化问题是:(1)选择高质量数据;(2)收集的数据尽可能分散。

对于第一个优化问题,我们使用参与者信誉度值来预测他们可能上传的数据的质量。由于我们专注于最大化整个感知区域的数据质量,因此使用总信誉度值$\overline{w}$去预测感知区域数据质量。随着总信誉度值的增加,所选择的参与者提供高质量数据的可能性也在增加。总信誉度值的函数为

$$\overline{w}=\sum_{u_i\in I'}r_i \tag{6-6}$$

式中,u_i表示被选中的参与者,r_i表示参与者 u_i的信誉度值,I'表示所选的参与者集合。

对于第二个优化问题,我们使用占有率 β 来表示所感知的格子占总区域的比例。随着被感知格子的增加,占有率的值也增加。占有率的公式为

$$\beta=L'/L \tag{6-7}$$

式中,L' 表示被感知格子的数量,L 表示所有格子的总数。

由此,结合以上两个公式,本章的优化问题可以总结为

$$\begin{gathered}\text{Maximize:}\ \overline{w},\beta\\ \text{Subject to:}\ \sum_{u_i\in I'}c_i\leqslant B\end{gathered} \tag{6-8}$$

式中,c_i表示参与者的回报,B 是任务预算。

显然,公式(6-8) 是多目标优化问题。多目标优化问题是一个 NP 难问题[73]。然而我们观察到总信誉度值$\overline{w}$依赖于被选中的参与者的信誉度值,占有率值 β 事实上取决于在多少个格子里选中参与者。所以优化问题(6-8) 可以转化为在预算的限制下选择信誉度值高的参与

者。而且，文献[138]指出，如果格子划分的粒度足够细，那么每个格子里有一份数据就足够为感知任务提供准确的数据，因此我们规定每个感知格子中选择一个参与者。我们提出一种可信参与者选择方法（Trustable Participants Selection Method，TPSM）来解决本章的优化问题。整个算法伪代码如算法 6 所示。

算法 6 的主要流程如下所述。

Algorithm 6 可信参与者选择方法

Input：感知区域中参与者集合 $\mathscr{U}$；
　　参与者索要回报集合 $\mathscr{C}$；
　　参与者信誉度集合 $\mathscr{R}$；
　　感知区域中所有格子集合 $\mathscr{L}$；
　　感知任务的预算 B；
Output：被选择的参与者群体 $\mathscr{U}'$；
1：初始化数组 T[B]；
2：初始化列表数组 S[B]；
3：**for** l from 1 to L **do**
4：　**for** u_i^l from 1 to f_l **do**
5：　　**for** b from 1 to B **do**
6：　　　**if** $b+v(u_j^l)<=B$ **then**
7：　　　　**if** $T[b]+r(u_i^l)>T[b+v(u_i^l)]$ **then**
8：　　　　　$T[b+v(u_i^l)]=T[b]+r(u_i^l)$；
9：　　　　　$S[b+v(u_i^l)]=S[b]+(u_i^l)$；
10：　　　　**end if**
11：　　　**end if**
12：　　**end for**
13：　**end for**
14：**end for**
15：$\mathscr{I}'=S[B]$；
16：**return** $\mathscr{I}'$；

（1）步骤 1：初始化列表数组 $S[\cdot]$用来保存选中的参与者编号。数组 $T[\cdot]$用来保存总信誉度值。两个数组长度都为 B。

（2）步骤 2：我们所提出的算法的基本思想是在预算从 $b=1$ 到 $b=B$ 的每种情况下，选择出能最大化总信誉度值的参与者组合。被选中的参与者编号保存在数组 $S[\cdot]$中，数组的索引值即为选择参与者所用的预算值。举个例子，$S[3]$表示的是预算值 $b=3$ 的情况下选择的参与者组合。$S[\cdot]$中参与者组合的总信誉度值都保存在 $T[\cdot]$中。我们所提的算法会在预算从 $b=1$ 到 $b=B$ 的每种情况下遍历每种参与者组合。如果 $T[b]+r(u^l)>T[b+c_i]$，就代表保存在 $T[b+c_i]$中的信誉度值小于 $T[b]+r(u^l)$的值，那么前者的值将被后者替换，相应的参与者组合也会被替换成 $S[b+c_i]=S[b]+u^l$。算法会在最后一个格子被遍历完才结束。

（3）步骤 3：遍历结束后返回保存在 $S[B]$中的参与者组合以及 $T[B]$中的总信誉度值。

6.5 实验设计与结果分析

6.5.1 实验设计

我们使用两组真实数据集来对提出的可信参与者选择方案进行评估：首先是模拟参与者的位置，这里我们用轨迹数据集来实现；其次是模拟参与者在某个位置上传的数据，这里我们假设参与者上传的数据就是他的GPS位置信息。这里用参与者上传的GPS数据与其所在地点的真实数据的差值来衡量参与者上传数据的质量，差值越小说明参与者上传的数据离真实数据越接近，即数据质量越好。我们用地图偏移数据来模拟上传数据的差值。

(1) 我们使用NCSU/mobility数据来模拟参与者的轨迹[139]，如图6-3所示。此数据集收集了近两年的数据。这些轨迹收集于如下地点：南卡罗来纳州立大学、韩国高等科技学院、纽约市、奥兰多迪斯尼乐园和南卡罗来纳博览会。

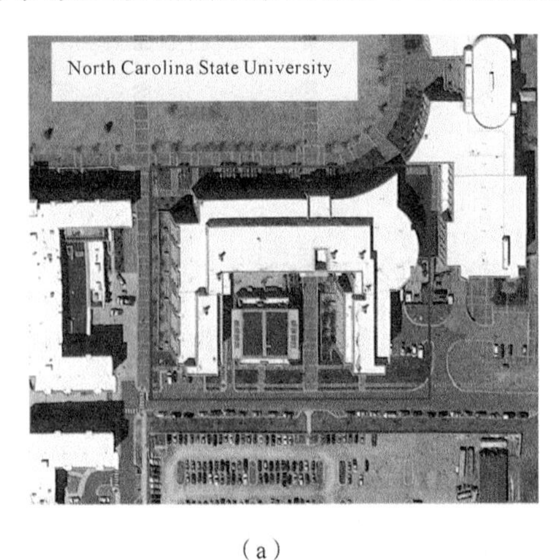

(a)

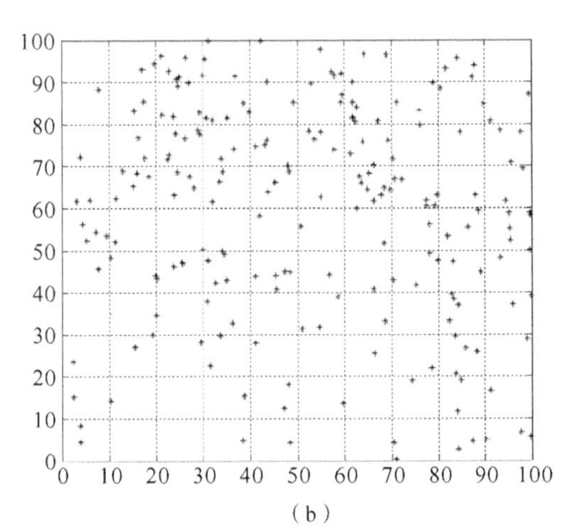

(b)

图 6-3 NCSU/mobility 轨迹数据图

(2) 我们用地图偏移数据来模拟参与者上传数据的差值。地图偏移值指的是同样一个点在现实GPS中的定位和在电子地图定位的差值。我们使用百度地图中深圳某一地区的地图偏移数据。

我们采取如下步骤来设置我们的实验平台。

(1) 我们使用地图偏移数据来模拟参与者上传数据的差值。我们使用在同一纬度的50个数据作为一组来模拟一个参与者的50个感知数据值。我们把每组数据随机分配给参与者。

(2) 我们从NCSU/mobility数据集中选择一个$(100\times100)\text{m}^2$的区域，如图6-3(b)所示。整个区域被划分成$(10\times10)\text{m}^2$的100个格子，即$L=100$。在划分的区域中有212个GPS点，这些点被模拟成参与者，即$I=212$。这些点分散在85个格子中。

(3) 对每个参与者，我们在[0,10]中随机选取2个数作为他的回报和答应上传数据耗费的时间。在开始，我们设定每个参与者的信誉度值都是0.5，即中性值。

我们选择了3个其他的参与者选择机制来比较我们所提算法的性能。其中一个是随机选

择参与者机制(记作“随机选择”),即随机选择参与者上传数据。另外一个是第 3 章所使用的 MAA 选择参与者机制[50](记作“MAA”),即将参与者属性综合考虑,如参与者索要回报、信誉度值、所在地点等,并用综合考虑的值来帮助感知平台选择参与者。MAA 的选择机制如下：

$$S(x) = \sum_{i=1}^{n} z_i \cdot S(x_i) \tag{6-9}$$

式中,z_i是权重值,有 $\sum_{i=1}^{n} z_i = 1$;$S(x_i)$ 是参与者各种属性的值,参与者 $S(x)$ 的值越高,他被选中的概率越大。在本章我们考虑参与者的两个属性:信誉度值和回报,相应的 z 的值为 0.5。第三个比较算法没有考虑预算限制(记作“无预算”),其可以选择信誉度值最大的参与者,旨在验证在没有预算限制下可以得到的最大信誉度值。

6.5.2　实验结果

由图 6-4(a)我们观察到,随着预算 B 的增长,这三种方法总信誉度值也都在增长。当预算 $B=210$ 时,我们所提出的 TPSM 算法比随机选择和 MAA 多出 55.6%和 67.1%。我们还可以观察到,从预算 $B=480$ 开始,我们所提出的算法总信誉度值稳定在 49.6,这是因为算法在以后几种情况中选择的是同一批参与者。

由图 6-4(b) 我们观察到,随着预算 B 的增长,这三种方法的占有率都在增长。其中 TPSM 相比其他两种算法总能获得更高的占有率,如当预算 $B=360$ 时,TPSM 的占有率为 85%,而且此后占有率保持在这个值,这是因为只有 85 个格子中有参与者,85% 已经是最高值。

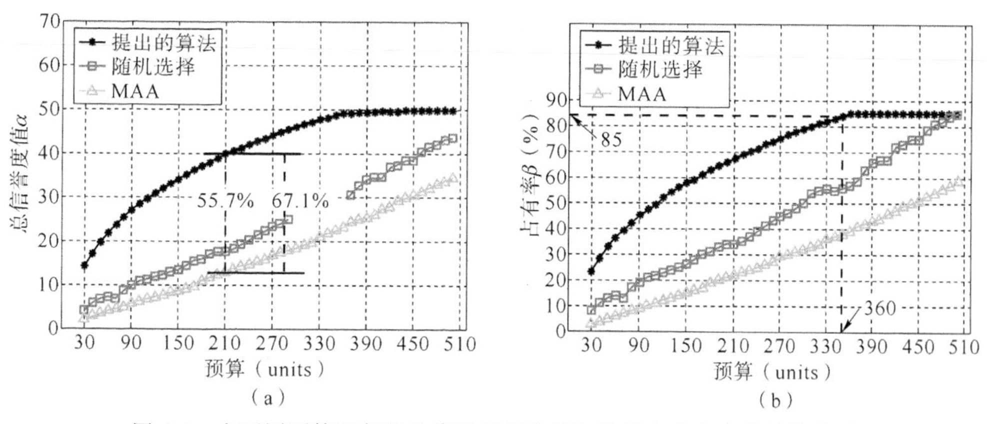

图 6-4　在不同预算限制下总信誉度值和感知格子占有率变化的情况图

从图 6-4(a)和图 6-5(a)中可以得到这样一个结论:参与者信誉度值越高,他所提供的数据可信度越高。虽然三种方法所收集的数据质量都在增加,但是相比随机选择和 MAA,TPSM 在预算 $B=210$ 时仍然分别比它们多出 53.4%和 67.4%。我们还可以观察到,从预算 $B=480$ 开始,TPSM 收集数据的总质量稳定在 51.3。我们接下来随机选择两个参与者模拟他们上传了 50 次数据,他们的信誉度曲线如图 6-5(b)所示。我们观察到 194 号参与者的信誉度值比 1 号参与者稳定。

虽然无预算方法能够得到更多的信誉度值,但是此方法和 TPSM 相比,最高仅多出 13.8%,如图 6-6(a)所示。如果我们考虑预算,如图 6-6(b)所示,那么 TPSM 最高比无预算算法多出 51.1%。

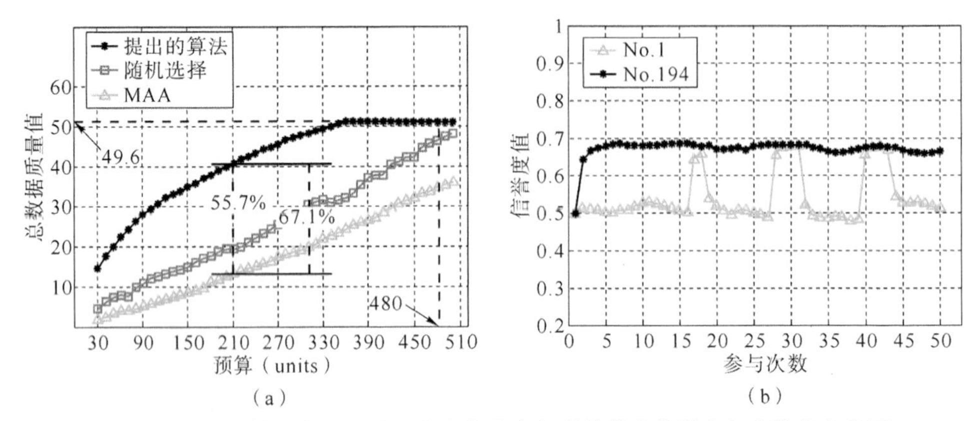

图 6-5　不同预算限制下总质量的变化和参与者信誉度值随参与次数的变化图

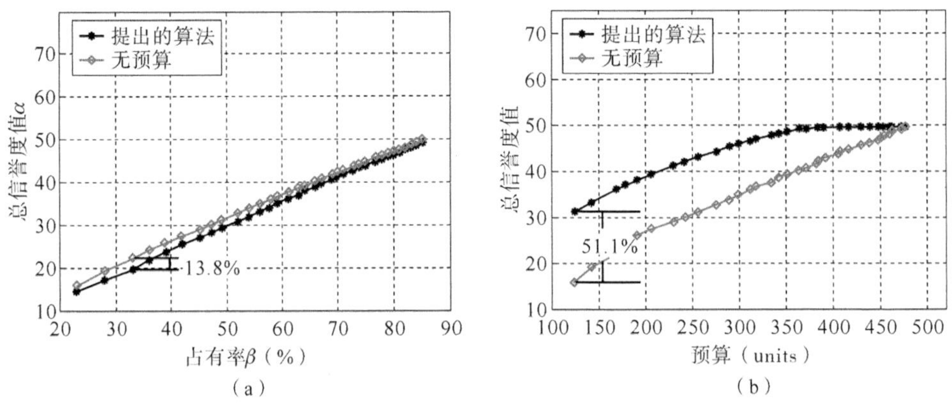

图 6-6　所提算法和无预算方案的比较

6.6　本章小结

群智感知最大的特点是它不仅仅利用专业传感器，还利用参与者的移动智能设备来收集数据，这样虽然可以节省部署开销，但由于感知收集数据可能干扰参与者其他活动（如电话、短信、日常工作和娱乐），且需要征得参与者的允许，所以参与者是否愿意收集数据、数据的质量都是不可控的。群智感知最主要的目的是收集可靠数据，因此本章用“信誉度”来衡量参与者的意愿和其提供的数据质量。本章提出了一种群智感知系统中预算限制下最大化数据可信度的机制，并将优化问题分成两个子问题：(1)选择高信誉度值的参与者以最大化总信誉度值；(2)尽可能分散地选择参与者以最大化感知格子的数量。通过基于真实数据集的仿真实验结果可知，本章所提的方法能够在预算限制下得到更多的高质量数据。

第 7 章

车联网场景下的数据收集

尽管车辆众包是一项新兴技术，对许多智能城市应用发展有所帮助，但保持传感数据质量仍然是一项挑战。本章分析了这些挑战，并在有限的任务预算内，为涉及无人驾驶汽车和人控车辆的混合场景提供了一个潜在的解决方案。

7.1 引　　言

智能设备，如智能手机和 iPad、不仅可以用于通信，还可以作为强大的传感单元。智能设备有一组丰富的嵌入式传感器，包括加速度计、数字罗盘、陀螺仪、GPS、麦克风、摄像机等[147]。另外，智能可穿戴解决方案可以实现一种新的快速增长的传感模式：使用有传感增强的移动设备获取当地局部信息，例如位置、个人与周围环境、噪声等级等，未来还可以获取更专业的信息如周围的空气污染情况。这些信息可以共享于个人的社交领域，共享于健康医疗和公用设备提供商[148]。这一系列的活动被称为众包。现代的车辆上都配置有车载传感器和无线通信设备，例如用于定位和导航的 GPS、用于采集驾驶记录的摄像机以及用于安全驾驶和通信的其他传感器[149]。这些传感器与车载设备一起工作，提供它们的基础功能，这为我们提供了车辆众包的可能。例如，车辆为智能城市定期报告驾驶信息包括交通、道路和天气信息，智能城市可以把这些信息用于交通规划、道路系统设计和交通信号控制等方面。车辆众包大大降低了政府机关收集城市数据所需的财政和时间成本。

随着新的计算、传感和通信技术的发展，无人驾驶汽车已成为近期内可以实现的现实。利用无人驾驶汽车采集数据有许多优点。首先，与人类（可能是自私自利、自高自大的人）相比，无人驾驶汽车完全遵循数据收集命令，不需要任何奖励。其次，无人驾驶汽车可以定期调整车载传感器，这保证了采集数据的质量。最后，无人驾驶汽车可以到人类不愿或无法到达的地方去收集数据。因此，无人驾驶汽车取代人类在城市里采集传感数据已经是现今的趋势。但是，与此同时，无人驾驶汽车受到数量、传感范围和动力（电池或汽油）的限制。这个问题将是尖锐的，特别是对于需要使用无人驾驶汽车来执行长期任务和长距离的任务来说。因此，加入部分的传统人控车辆可以抵消无人驾驶汽车采集的缺点。这就是我们所说的混合车辆众包（Hybrid Vehicular Crowdsourcing，HVCS）。HVCS 系统由以下部分组成。

(1) 任务发布者:其中包括需要传感数据的政府、企业或个人。通常情况下,如果招募有人驾驶汽车,需要提供给驾驶员一些奖励来抵消传感成本并鼓励采集传感数据。这些奖励是由任务发布者支付的。

(2) 感知平台:用于招募车辆,处理车辆报告的传感数据,并将结果发送给任务发布者。该平台具有足够的存储和计算能力,为任务发布者提供车辆众包服务。

(3) 车辆:对于有人驾驶汽车来说,驾驶员或助理驾驶员会索取他们参与数据收集任务所需要的薪酬。他们被称为有人参与者或简单的参与者。对于无人驾驶汽车来说,我们假设他们在执行任务时有一定的能力去安排他们的路线。

如图 7-1 所示,HVCS 系统的工作流包括三个层:服务层、数据传输层和数据收集层。在服务层,任务发布者基于他们可承受的预算把他们的感知任务发布到感知平台。然后,平台将任务广播给所有车辆,并通过传输层招募其中一些车辆,给予这些车辆应有的奖励。接下来,平台将调度控制无人驾驶汽车的轨迹,以使无人驾驶汽车到从未采集的地方去收集数据。选定的参与者和无人驾驶汽车在数据收集层中收集数据,然后将数据上传到平台。平台处理数据并将数据发送给任务发布者。

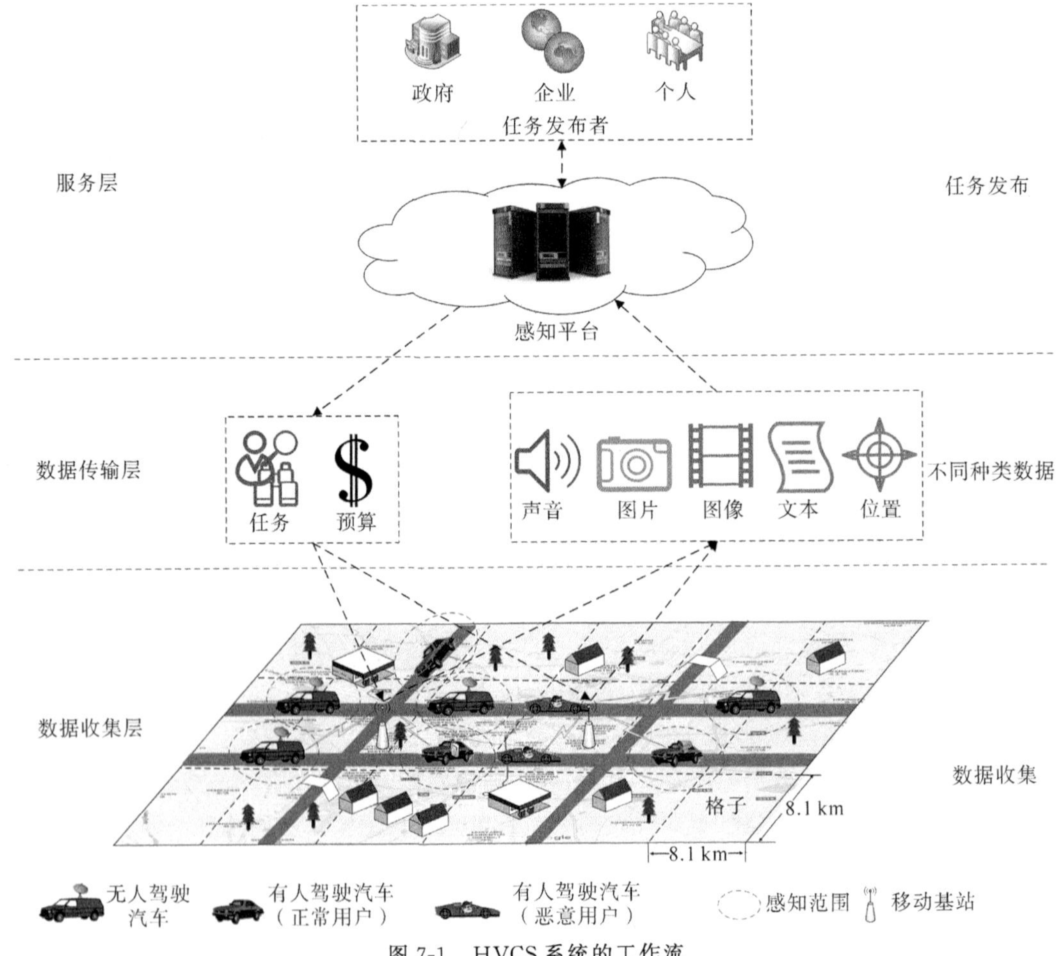

图 7-1 HVCS 系统的工作流

7.2 应　　用

1. 路面监测

道路异常或损坏会降低车辆的能源效率和空气质量，因为这种情况会导致燃油使用量的增加和车辆零件的磨损[150]。恶劣的道路条件（如坑洼、结冰、颠簸和交叉路口）会对人、车辆甚至财产有潜在危险。车辆上的传感装置提供了获取道路特征实时信息的可能性。招募的人类参与者（助理驾驶员）可以使用传感器（例如 GPS、加速计和摄像头）将路况上传到平台。对于那些参与者不愿意去或者危险的地方，平台可以安排无人驾驶汽车去采集数据。

2. 行驶速度监测

与传统的检测行驶速度的方法（部署摄像头、环路检测器和无线电传感器，这些方法的使用和维护成本非常昂贵）不同，HVCS 系统可以轻松监控平均行驶速度[151]。通过使用配备的 GPS，车辆可以提供时间戳、位置和实时速度的数据。在车辆众包中，参与者可以提供粗粒度的数据，因为他们通常不愿意在拥挤区域采集行驶速度数据，此时系统可以调度无人驾驶汽车去采集数据。

3. 停车场检测

对于大多数司机来说，在购物中心等拥挤区域停车是一个棘手的问题[152]。通过车载摄像头，车辆可以实时记录驾驶场景，平台可以据此找到可用的停车位。在这里，人工控制的车辆提供自己的视频和 GPS 数据，而无人驾驶汽车则在其他拐角处巡航，以有效地找到可用的停车位。

7.3 HVCS 面临的挑战

尽管 HVCS 具有许多优点，例如节省成本、易于部署以及可以采集到更多的数据，但它们仍然面临一些挑战，例如参与者的隐私保护、联合车辆招募和调度，以及令人满意的分配方案和有效的激励措施[153]。

1. 参与者隐私保护

提供传感数据的参与者可能会暴露其隐私信息。例如，如果他们在工作日内采集信息，那么他们可能会暴露从家到工作场所的轨迹；如果他们在非工作时间（例如晚上和周末）提供信息，那么他们可能会暴露其他位置信息。保护隐私的一种方法是使用匿名；但是，这样的话还有一个问题有待解决，那就是如何给正确的匿名参与者提供奖励。另一种方法是引入可信的第三方来记录人类参与者的身份，并且帮助平台分配奖励。在 HVCS 系统中，该平台可以调度无人驾驶汽车从一些敏感的地方采集数据，以保护司机的隐私。即使这样，还是可以推断出一些基于位置的私密信息。

2. 联合车辆招募和调度

HVCS 系统的一个重要特点是，该平台不仅根据参与者的意愿招募他们采集数据（通常是粗粒度、低质量的数据），还调度无人驾驶汽车从特定的地方收集数据（主要是高质量的数据）。然而，这一点不容易实现，这需要考虑车辆的移动模式、数据质量和数量要求、有人驾驶汽车与无人驾驶汽车之间的比率以及有限的任务预算。这种分配策略很可能会迅速改变，以满足系统的要求。

3. 令人满意的分配方案和有效的激励措施

如前文所述，驾驶员和助理驾驶员需要发放薪酬。然而，如何在有限的任务预算内，根据每个参与者的贡献水平，为他们分配满意且有效的奖励是一个挑战。现有的方法主要是按要求支付固定的报酬，但是这并没有充分考虑到驾驶员的贡献度的动态性和不可预测性。

7.4 激励分配机制的一种解决方案

在本章中，我们设计了一个基于参与者信誉水平的新的激励机制，并使用最新的解决方案评估其绩效。

1. 参与者的声誉和数据贡献

如前文所述，无人驾驶汽车始终可以收集高质量的传感数据。但普通人并非如此可靠，他们收集或提供的数据的质量可能会参差不齐。在这里，我们利用驾驶员的信誉水平来预测数据质量级别。

参与者的声誉水平是一个长期累积的衡量标准，用于评估参与者在多大程度上是可信任的，并且用于预测参与者的未来行为。在薪酬方面，平台会奖励那些提供有用数据的可信参与者。使用信誉水平的主要原因是它可以确定感知数据是否准确、真实的，并且可以避免恶意参与者。这有助于平台在最大程度上减少对不可靠参与者的支付，同时最大限度地提高对可信参与者的支付。

图 7-2 显示了参与者信誉更新过程。参与者的薪酬绩效由许多因素决定，例如数据质量和参与者意愿，这些因素表明了他们对贡献数据的热情。在收集数据之后，决定如何衡量所有人工参与者的贡献水平是一个挑战，特别是在 HVCS 系统中贡献数据的质量参差不齐的情况下。我们受到柯布－道格拉斯生产函数的启发，它反映了总生产（或贡献）和劳动力投入之间的关系。

如前文所述，普通人没有接受专业培训，他们的信誉价值可以用来计算他们的贡献。

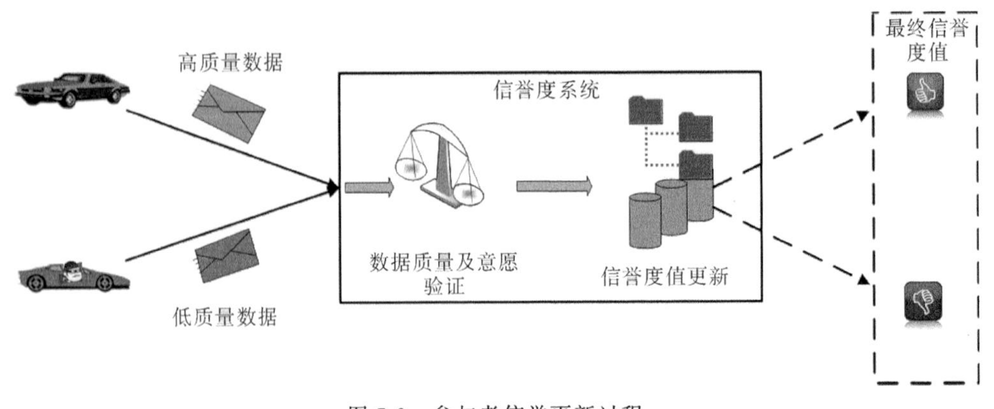

图 7-2　参与者信誉更新过程

下一步是分配奖励。为了解决博弈论中的公平报酬分配问题，Shapley 值法被提出来了，如图 7-3所示。在高层次上我们可以理解为“找到每个参与者的边际贡献”。例如，参与者 A、B 和 C 组成一个 HVCS 活动。如果参与者 A 给平台带来 5 的回报，参与者 A 和 B 给平台带来 9 的回报，参与者 A、B 和 C 给平台带来 11 的回报，那么分配的薪酬是按照他们的边际贡献比率 5∶4∶2。但是，如果参与者 B 和 C 的收益非常相似，并且参与者 C 在 B 之前参加了任务，那么参与者 C 将获得更高的报酬，因为 B 的边际贡献更低。新分配的奖励比例为 5∶2∶4。然后，Shapley 值法计算序列 ABC、ACB、BCA、BAC、CAB 和 CBA 中的边际贡献，每个序列捕获累积给每个参与者的边际贡献。

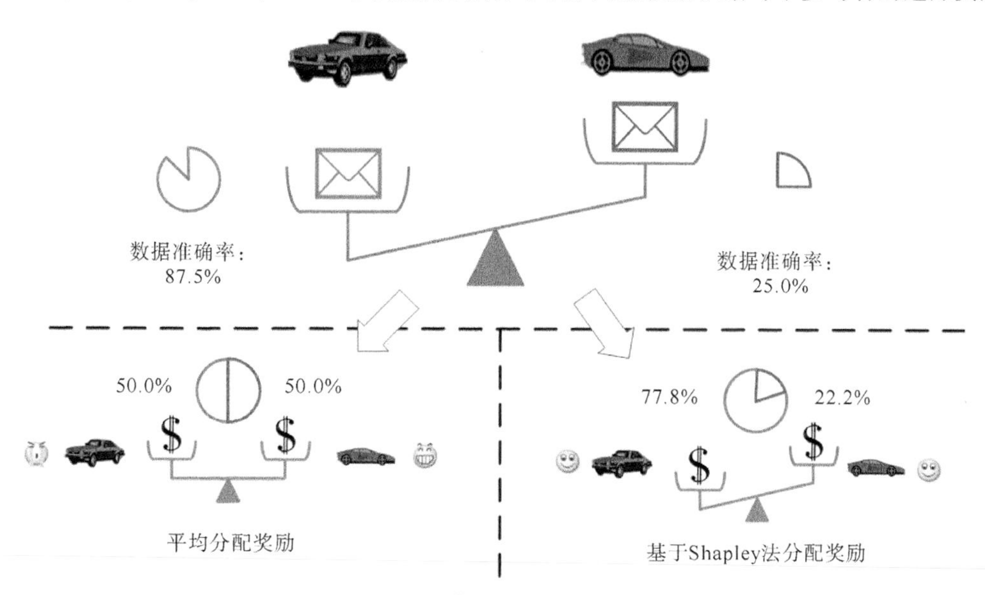

图 7-3 Shapley 值法考虑了参与者的贡献

2. 一个启发性解决方案

我们认为最终的优化目标是在有限的预算内最大化所有车辆的总贡献。为了解决这个问题，我们提出了一种新的基于贡献的报酬分配机制，称为 CARA。主要流程如下所述。

(1) 由于只有人工参与者需要薪酬，在平台招募人工参与者之前，它首先将总预算金额分成几个较小的金额。总预算的分割数量等于需要由人工参与者感知的区域块的数量。然后，平台选择每个区块中的人工参与者。

(2) 平台根据参与者的信誉价值在同一区块中招募参与者。首先，平台对同一区块的每个参与者使用信誉值从高到低排序。然后，平台开始招募参与者，直到该区块的分割预算耗尽或所需的传感数据数量已经满足要求。根据 Shapley 值法计算出的奖励不会低于他们要求的奖励。

(3) 所有招募的参与者的贡献返回值是根据他们的声誉值计算的。

3. 评估

我们使用了一组在中国成都的出租车移动轨迹数据[154]，如图 7-4 所示，发现了一个89.61 公里×80.65 公里的高移动密度区域。我们将其用作模拟区域。我们模拟参与者要求的奖励在[1,10]个单位的范围内变化。在实验中，我们使用地图偏移校正数据集来验证贡献的数据质量[155]。

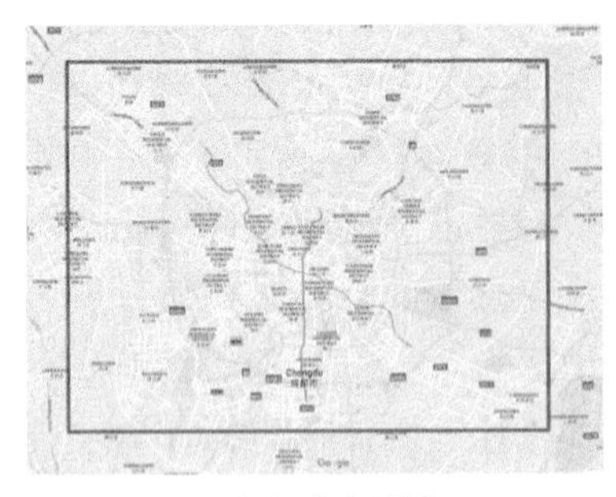

（a）感应区域

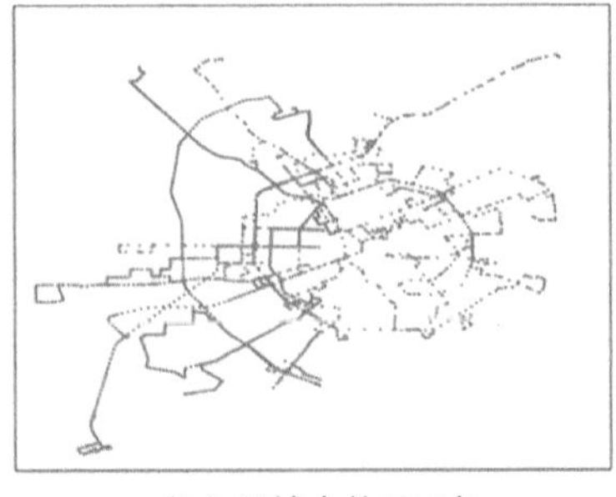

（b）区域内的GPS点

图 7-4　中国成都的轨道数据集

首先，我们计算所选参与者的更新信誉值，以及他们的贡献值。任务预算取值范围在1 000～2 000个单位，每个值间隔 50 个单位。地区的区块数量取值为以下：110、132、156、182 和 210。无人驾驶汽车的数量取值范围从 10 个到 20 个，每个值间隔为 2 个。每个区块所需的数据数为 5。

与 Wang 等人的研究[156]类似，我们假设每个参与者的声誉取决于两件事：数据质量和参与者的意愿。参与者的意愿表明参与者对提供传感数据的热情。然后，声誉反馈函数可以定义为一个映射，从参与者的数据质量、意愿映射到信誉价值，信誉价值取值范围从 0～1，其中 0 表示非常不可信，0.5 表示为正常情况，1 表示为非常可信。首先，我们将每个参与者的信誉值设置为 0.5。映射函数可以有多种形式，其中一种可以是

$$r^n=\frac{1}{\pi}\sin^{-1}(\min((r^0+r^u),1))+\frac{1}{2} \tag{7-1}$$

式中，r^n 表示更新后的信誉值，r^0 表示更新前的信誉值。在这里，被招募的参与者的贡献与他们的总声誉价值呈指数关系。

为了评估我们提出的算法（CARA）的系统性能，我们采取以下 3 个方案作为对比。我们首先采用了 Peng 等人[157]提到的统一定价方案（称为固定方案）。在该方案中，传感数据被等价地认为具有数据质量都是相同的，并且在预算耗尽或满足数据要求之前一直采集传感数据。第二个比较方案是任意选择参与者（称为随机方案），直到满足传感数据要求或预算耗尽。第三个比较方案是在选择参与者时不考虑预算约束（称为最大无预算方案[156]），目的是在不考虑任何奖励要求的情况下选择信誉价值最高的参与者。

我们在图 7-5 中展示了模拟结果。在图 7-5(a)中，当预算 $B=1\ 550$ 时，可以看出，与固定和随机方案相比，CARA 方法成功地高出了 7.6%和 10.8%的贡献值。CARA 方法的贡献值在预算 $B=1\ 550$ 后不再随运算增加而增加了，这是因为人类参与者所在的区块都被感知完成了。

在图 7-5(b)中，我们可以看到，在预算 $B=2\ 000$，存在 10 辆无人驾驶汽车的条件下，区块数分别为 110、132、156、182 和 210，随着区块数的增加，四种方法得到的贡献值都在增加。在预算 $B=2\ 000$ 的情况下，最大无预算法的贡献值最多仅比 CARA 高出 6.1%，此时地区共划分为 210 个区块。而 CARA 的贡献值总是高于固定和随机方案：在地区被分为 182 个区块情况下，CARA 的贡献值高于固定方案 12.8%，高于随机方案 10.7%。

如图 7-5(c)所示，当预算 $B=1\ 000$，划分为 110 个区块时，随着无人驾驶汽车数量的增加，人工参与者的贡献值会降低。这是因为以前由人工参与者收集的那些区块的信息现在由无人驾驶汽车代为收集。然而，我们提出的 CARA 方法和其他两种方法固定和随机方法相比，却是三种方法中价值最高的。当传感区域部署了 12 辆无人驾驶汽车时，CARA 方案的贡献值比固定方案高出了 6.2%，比随机方案高出了 8.1%。

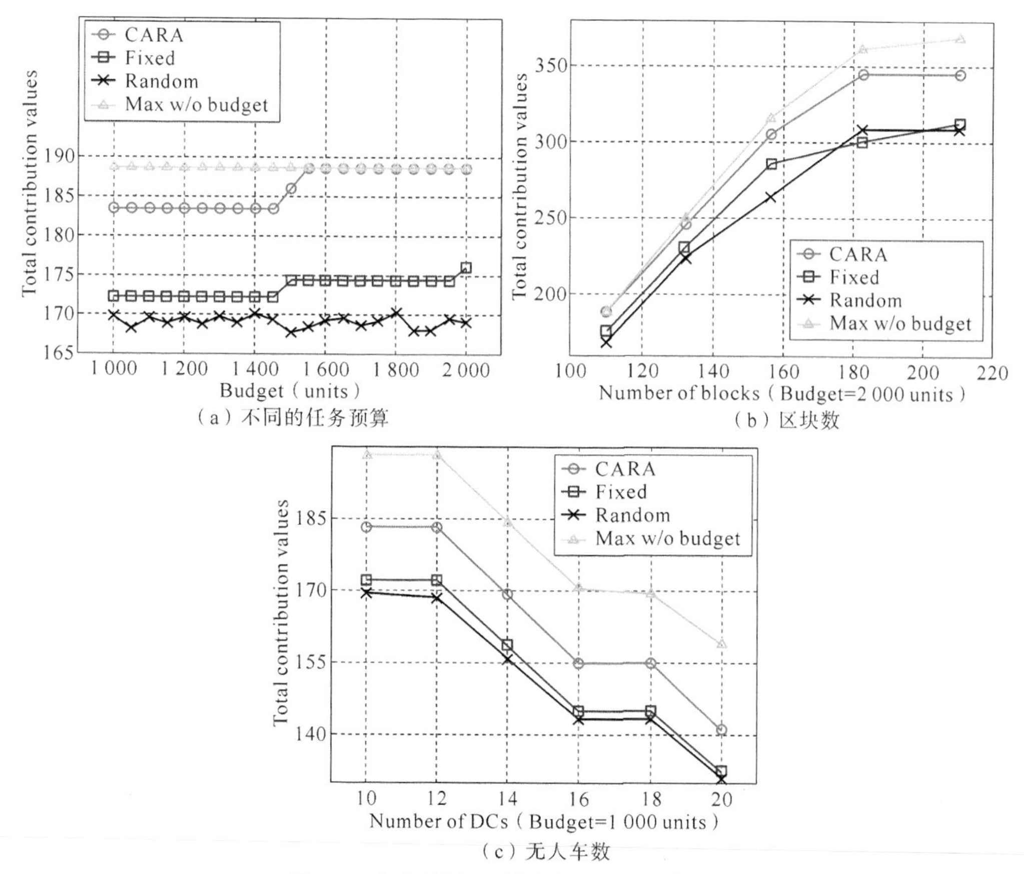

图 7-5　仿真结果，不同自变量对贡献值影响

7.5　本章小结

在本章中，我们讨论了一个新的移动众包活动，混合车辆众包(HVCS)，包括有人驾驶汽车和无人驾驶汽车，然后介绍了其定义、系统架构、应用和研究挑战。然后，作为抛砖引玉，我们提出了一个将薪酬奖励分配给参与者的解决方案。具体来说，我们采用 Shapley 方法来确定参与者的贡献值，并在有限的预算下分配他们的薪酬。通过对真实数据集的仿真，我们将我们提出的 CARA 方案与现有方法进行了比较。结果清楚地表明，我们的方法通过招募有信誉的参与者并为他们提出让他们满意的奖励，更好地满足了任务需求。

在未来，我们计划部署有人驾驶汽车和无人驾驶汽车作实际应用。其中一个应用可以是通过收集车载摄像头的数据，根据图片灰度，对 PM2.5 指数进行监测。平台会根据参与者的贡献分配给他们奖励，如优惠券等。我们还计划探索可能影响参与者声誉的其他重要因素，包括传感器的精度和执行感知任务所需的时间。最后，由于车辆在传感区域内不断移动，因此需要明确其运动的时空特征和数据质量。我们可以使用卷积神经网络和 LSTM 联合建模，为车辆选择和任务分配提供准确有用的信息。

第 8 章

群智感知系统的下一步工作

根据前面已完成的工作，结合群智感知研究现状，我们制定了下一步的工作计划。本章将介绍群智感知系统下一步的研究内容，希望能够对读者有所启发。

本章将为读者介绍群智感知系统下一步的研究计划。根据参与者上传的单个数据质量量化参与者可信度，为以后参与者的选择提供依据；以数据的定价为基准，根据参与者可信度做到针对单个参与者的激励；对收集到的数据进行整体质量评价，完成感知任务。研究总体技术路线如图 8-1 所示。

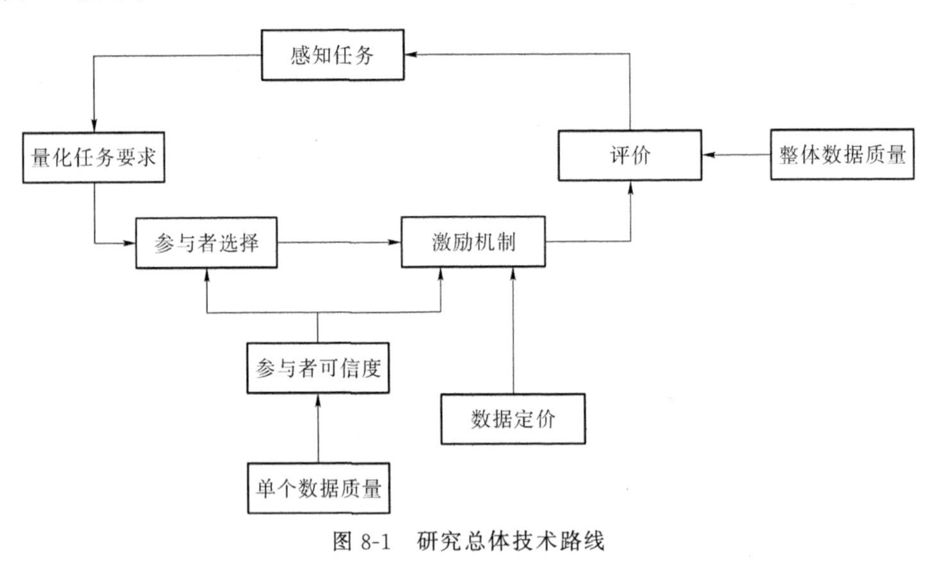

图 8-1　研究总体技术路线

8.1　数据质量的多维度建模和计算

1. 单个数据质量

(1) 针对温度、湿度等在一定范围内数据值变化不大的单个数据，假设单个数据 d_n 有属性 $\{lon_n, val_n, tim_n\}$，其中 $lon_n = \{lon_{n,x}, lon_{n,y}\}$ 表示数据的位置来源，val_n 表示数据的数值，tim_n 表示数据的采集时间。针对同一时间段下临近地点采集的数据，本项目拟采用如下方法

来衡量数据质量：感知平台对数据有一个容错阈值 x，根据容错阈值可知每个数据的数据范围 $[\mathrm{val}_n - x, \mathrm{val}_n + x]$，这里做以下定义。

定义 8.1(相似数据)：若两个数据 d_i，d_j，有 $|\mathrm{val}_j - \mathrm{val}_i| \leqslant 2x$，那么这两个数据即为相似数据。

找出数量最多的相似数据集 $D' = \{d_1, d_2, \cdots, d_m\}$，根据数据的位置、数据值作为参数，采用多元线性回归模型得到拟合"地点-数据"曲线，并进一步计算各个数据的质量。

(2) 针对构建室内地图的单个照片数据，如不考虑其逻辑性而只考虑可用性，其清晰与否即是数据质量考量的一方面，清晰的图像能够反应参与者所在地点的真实情况。但是如果考虑数据的逻辑性，比如照片图像虽然清晰，但是其来源并不是参与者上传地点，那么再清晰的照片也不能算是质量高的数据，而是无关数据。故本研究拟先找出无关数据，然后再判断各个图片数据的质量。假设单个图片数据 d_n 有数据上传地点属性 $\mathrm{lon}_n = \{\mathrm{lon}_{n,x}, \mathrm{lon}_{n,y}\}$，找到相似地点图片组成集合 $D = \{d_1, d_2, \cdots, d_n\}$，由于各个照片拍摄角度不同，导致各个照片图像同一物品位置和角度也不尽相同，这给无关照片的剔除增加了难度。本研究对集合中的照片图像使用均值漂移算法进行切割，该算法能够根据图像密度进行分割，剔除图像中对于特征空间分析来说没有任何意义的低密度值区域。该算法的思想是在一个有 N 个样本点的特征空间，首先确定一个以 x 为中心点，以 h 为半径的圆，然后计算在整个圆形空间中所有向量 $\boldsymbol{x}_i$ 的平均值，进而得到一个偏移均值，最后将中心点 x 移动到偏移均值位置，重复移动直到满足结束条件。算法的核心偏移均值函数为

$$m_h(x) = \frac{\sum_{i=1}^{n} x_i g\left(\left\| \frac{x - x_i}{h} \right\|^2\right)}{\sum_{i=1}^{n} g\left(\left\| \frac{x - x_i}{h} \right\|^2\right)} - x \tag{8-1}$$

式中，x 为中心点，x_i 为半径范围内的点 $i \in n$，函数 $g(x)$ 是对该函数的导数求负。

图像分割结束，对于每个图片 d_i 得到分割区域向量图 $G_i(V_i, E_{i,j})$，V_i 表示分割区域的顶点，$E_{i,j}$ 表示各个顶点的连接向量。对于两张照片，通过比较相似区域边的比例以及相似区域点的数量来判断其是否具有相关性。如图 8-2 所示，设图(a)和图(b)是两张需要判断相关性的照片，图(c)中虚线框中三个顶点的距离和图(d)存在一定的关系，即 $E_{2,3} = \alpha E_{1,2}$，$E_{3,4} = \alpha E_{2,3}$，α 是一常数，可知两张照片具有相似性。

2. 整体数据质量

感知平台需要的是一整块感知区域的数据，其对感知任务收集的区域、收集数据的总量和粒度都有一定的要求。本研究拟引用 Frobeniu 范数度量感知任务要求的数据量和所收集数据量之间的差异。收集数据整体质量公式如下：

$$\mathrm{QoI} = 1 - \frac{\| \boldsymbol{M} - \boldsymbol{M}' \|_F}{\| \boldsymbol{M} \|_F} \tag{8-2}$$

式中，$\boldsymbol{M} = \begin{pmatrix} M_{1,1} & \cdots & M_{i,j} \\ \vdots & \ddots & \vdots \\ M_{i,1} & \cdots & M_{i,j} \end{pmatrix}$ 表示的是任务要求的各个感知点(格子)的数据量；$\boldsymbol{M}' = \begin{pmatrix} M'_{1,1} & \cdots & M'_{1,j} \\ \vdots & \ddots & \vdots \\ M'_{i,1} & \cdots & M'_{i,j} \end{pmatrix}$ 为收集到的数据量。QoI 计算值越大，说明收集的数据量越接近要求，整体数据质量越好。

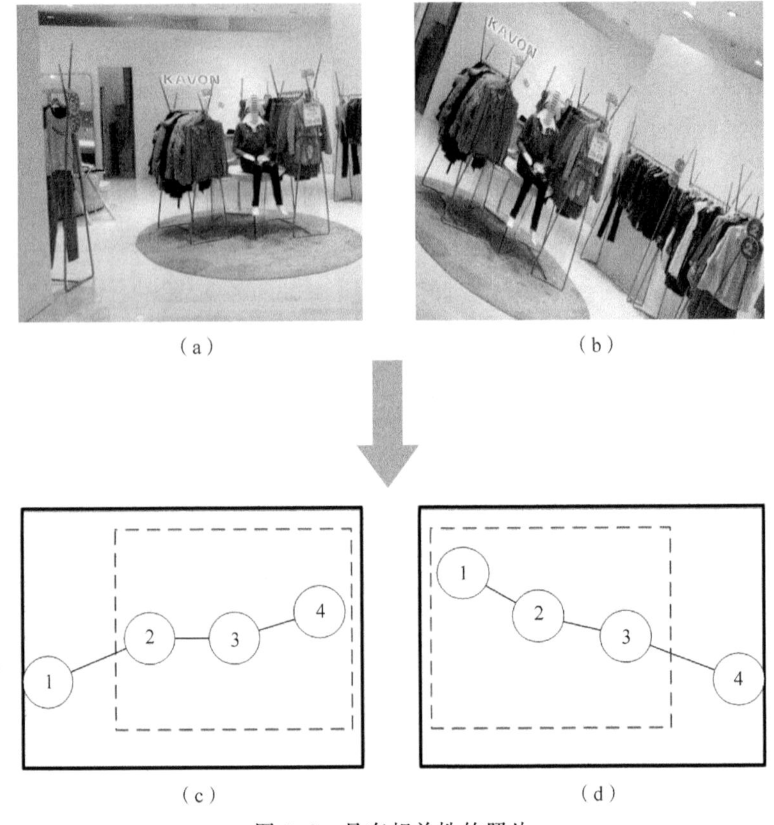

图 8-2　具有相关性的照片

8.2　参与者可信度的计算和更新方法

本研究将参与者可信度分为两部分，即参与者提供数据的意愿以及参与者提供数据的质量，这两部分相辅相成、密不可分。试想如果参与者没有提供数据的意愿，那么就无从谈起数据质量；另外，参与者积极提供数据，但是数据并不能为人所用，那么再多的数据也是浪费资源。在研究中可以基于博弈论(Game Theory)理论对可信度进行量化计算。对于感知平台来讲，在与参与者的博弈中利用可信度鼓励参与者参加感知任务并提供高质量数据；对于参与者来讲，在与感知平台和其他参与者的博弈中利用可信度提高其获得任务的可能性，并获得更多回报。

本研究可信度更新如图 8-3 所示，研究将参与者可信度定义为“意愿 w_i、数据质量 q_i、可信度 c_i”函数，可信度函数值域定义为[0,1]之间，$c_i=0$ 表示完全不可信，$c_i=1$ 表示完全可信。参与者的意愿是一个与时间相关的函数，其提供数据耗费的时间越长，说明其对待任务的意愿越不强烈，相应的意愿值越低，其中 $w_i=k(t)$，$w_i\in[0,1]$；数据质量是一个定义在 0 到 1 之间的小数。研究中定义可信度更新函数 $c_i^f=h(w_i,q_i)$，进一步得到本次可信度 $c_i=f(c_i^f)$。

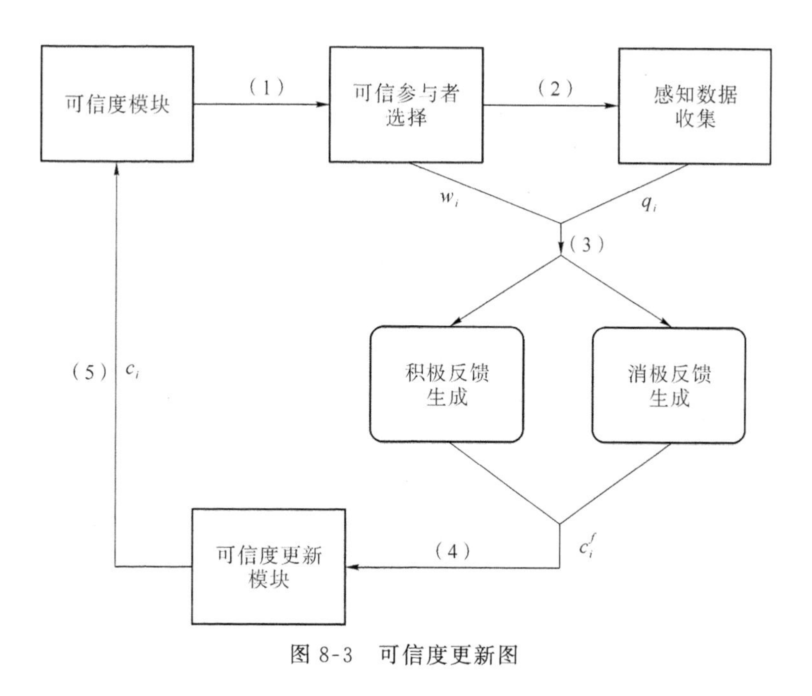

图 8-3　可信度更新图

8.3 数据定价

在市场经济环境下，商品的价格会随着供求关系而变化，而在群智感知活动中，作为交换的数据也是一种商品形式，也应该符合价值规律。试想在感知区域中的某个兴趣点缺少很多数据，而且兴趣点周围只有很少参与者或者根本没有参与者，为了提高整体质量，针对这种“供不应求”的情况，感知平台必须要加大力度鼓励参与者到缺少数据的兴趣点采集数据，其中最直观的方式就是提高当地数据的定价。针对“供大于求”的情况，例如，已经有足够数据的兴趣点，或者兴趣点周围有大量参与者可能会提供数据，感知平台会降低当地数据的定价，进而形成一种随着供求关系动态调整数据价格的机制。

本研究拟根据市场供求关系建立数据定价模型，使用强化学习的方式动态制定数据价格。假设感知区域中的某个格子需要采集数据量和现在已经收集到的数据量分别为 $\boldsymbol{M}=\begin{pmatrix} M_{1,1} & \cdots & M_{1,j,} \\ \vdots & \ddots & \vdots \\ M_{i,1} & \cdots & M_{i,j} \end{pmatrix}$，$\boldsymbol{M}'=\begin{pmatrix} M'_{1,1} & \cdots & M'_{1,j} \\ \vdots & \ddots & \vdots \\ M'_{i,1} & \cdots & M'_{i,j} \end{pmatrix}$，格子中作为潜在提供数据的参与者的数量为$\boldsymbol{U}=\begin{pmatrix} U_{1,1} & \cdots & U_{1,j} \\ \vdots & \ddots & \vdots \\ U_{i,1} & \cdots & U_{i,j} \end{pmatrix}$，执行这项感知任务总预算为 B，执行这项感知任务需要进行 T 轮，那么针对每个格子进行下一轮的定价 $p_{i,j}(t+1)=p_{i,j}(t)+v$，$v$ 代表数据价格变化，其变化幅度由 $(M_{i,j}-M'_{i,j})$ 和 $U_{i,j}$ 共同决定，即 $v\propto\frac{1}{M_{i,j}-M'_{i,j}}$，$\frac{1}{U_{i,j}}$。

8.4 针对单个参与者的激励机制

群智感知是需要参与者持续提供数据的活动，如果没有参与者提供数据，那么群智感知将无法顺利进行下去。如果收集的数据质量不能满足要求，虽然有数据，但是也无法根据数据改善人们的生活。对于能够提供高质量数据的参与者，应该给予额外奖励，使其继续留在感知活动中并且愿意继续提供高质量数据。以前的群智感知研究把激励机制局限于本次能够使参与者提供数据，这其实是数据定价机制的研究内容，而激励机制应该偏重于长远激励，根据参与者可信度等因素结合预算限制给予参与者最大限度的回报。

第 9 章

总结和展望

群智感知将普通人群的智能设备作为感知节点，通过移动互联网实现感知任务的分发与感知数据的收集。由于它需要有普通人作为参与者加入群智感知活动中去收集分享数据。数据数量不足和质量不高这些问题已经成为制约群智感知活动发展的不利因素。正因为此，如何选择合适的参与者提供高质量的感知数据，如何鼓励参与者愿意提供数据、多提供数据等是群智感知研究中所面临的并且要尽快解决的重要问题。

针对激励机制和数据质量的研究是群智感知领域重要的研究内容。群智感知依赖参与者的智能设备所具备的各种传感器和计算能力等来进行感知，广大参与者的智能设备是高质量数据的来源，要得到高质量的数据，首先要保证足够的数据量。一方面感知平台拥有足够的数据量，可以增加得到高质量数据的概率；另一方面，如果没有数据，也就根本谈不到数据质量，所以数据的量是质的前提。另外，感知活动的约束力较弱，参与者凭自己意愿选择是否参加感知任务，感知任务的难易程度和激励的额度也会在很大程度上对参与者的决定产生影响；再者，由于不同智能设备的电量和传感器种类不同，以及参与者所处的位置等因素，也会对参与者是否愿意参加感知任务产生影响。这就要求感知系统中建立激励机制，通过鼓励参与者，使感知平台得到更多高质量的数据。发挥激励机制合理分配预算等资源的作用，一方面保证所收集的感知数据质量；另一方面激发参与者的活跃度，使其愿意持续参与感知任务，并能够在没有或者只有少量数据的地区收集提供数据。为了保证所收集的感知数据质量，需要基于系统和参与者的属性（如系统状态、预算、任务的时空分布、参与者的信誉度等）进行研究，进而选择最为合适的参与者提供高质量的数据。本书的主要贡献有以下几方面。

(1) 作者提出了一种基于多任务的离线场景激励机制，针对感知平台同时进行多任务并考虑能耗情况下如何激励参与者的问题，本书使用参与者信誉度来衡量参与者的可靠程度，并将信誉度值作为选择参与者的标准之一。接着使用信息质量满意度指数来量化所收集数据的数量、粒度和数量满足信息质量要求的程度。本书使用任务困难度指数帮助参与者选择单位能耗下回报最多的任务，并把被放弃的任务重新分配给新的参与者，以使更多的参与者得到回报。同时，为了最大化收集数据的质量和参与者的回报，本书设计了一个多目标优化问题，并用启发式方法得到次优解。通过基于真实数据集的仿真结果可知，所提的方法能够在预算限制下得到更多的高质量数据以及使参与者获得更多的回报。作者提出了一种基于单任务的在线场景激励机制，该机制针对参与者可能不会同时来到感知区域并同时参加感知任务这个问题。感知平台需要根据参与者有限信息立即决定是否同意其收集数据。在线激励机制也为感知平台选择参与者收集数据提供了更多的灵活性。为了计算出参与者提供的真实边际效用，本书用参与者的信誉度预测其提供感知数据的质量。作者使用单调子模函数表示感知平台效用函数。本书作者考虑了感知平台和参与者双方的利益。除了感知平台能够得到最大化效用，激励机制一方面尽可能多地选择参与者，使更多的参与者能够得到回报；另一方面，被选择的参与者也可能得到额外的奖励。为了这一目的本书提出了一个预算和回报分配方法去决定参与者最终得到的回报。

（2）在数据收集方面，针对收集数据质量问题，本书为群智感知系统提出了一种基于单任务的感知数据预测方法，方法考虑了参与者的回报和可能上传的高质量数据的数量。作者使用二项泊松分布来对参与者可能上传的高质量数据的数量进行建模，并用二次迭代算法估计分布中的参数值，并通过参与者可能上传高质量数据数量的期望值和其索要回报值作为选择参与者的标准。通过使用真实数据集和其他方法进行比较，作者验证了所提算法的准确性和优势。

（3）可信数据来源于可信参与者，除了直接收集高质量数据之外，还可以通过选择可信参与者得到高质量的数据。针对可信参与者选择问题，本书作者为群智感知系统提出了一个信誉度定义和更新的方法，将参与者的意愿和数据质量作为衡量参与者信誉度值的标准。本书提出了一个多目标优化问题，这个优化问题的目标是最大化被选择参与者总信誉度值和被感知的格子的数量，之后我们提出了一个可信参与者选择方法并用其解决这个优化问题。本书使用真实数据集来验证所提算法。通过和其他方法比较可以看出，所提算法能够得到更多可靠数据。

群智感知的研究还处于爬坡阶段，其中还存在大量的问题和挑战需要我们去深入研究和攻破。下面根据本书的研究内容，结合已有的研究成果，列举一些在日后工作中有待进一步研究的问题。

（1）在收集数据的质量方面，本书主要关注参与者的信誉度值，用信誉度值的大小来预测参与者提供数据的数据质量。事实上，收集数据的质量与多方面的因素都有密切的关系。未来还需考虑参与者感知设备的异构性，以及动态变化性等能够导致数据质量参差不齐的问题。另一方面，对于整体而言，数据冗余也是影响数据质量的一个因素，冗余数据主要是指由于同一感知区域内参与者密度过大或路线高度重合，一般情况下，在满足任务发布者的数据数量需求之后，过多的数据对任务整体来说边际效用是为零的。具有冗余性过多的数据不仅浪费任务发布者的预算，也消耗参与者和感知平台设备的能量，造成不必要能源消耗。这就需要在感知区域有计划的收集数据，保证数据效用，避免数据冗余。

（2）除了从数据来源这方面着手之外，未来还需考虑在感知平台端如何根据已收集的感知数据提炼出能够真实反映感知区域情况的信息。这里可以考虑该地区以往的历史信息，以及根据其他相关信息（比如，根据天气信息可以对该地区的 PM 2.5 情况有个大致的了解），结合收集的数据综合考虑得到更加准确的信息。

（3）目前群智感知系统中激励机制一般都实行“发布任务——领取任务——发放回报”的简单模型，仅仅将参与者视为可以移动的多功能传感器。随着传感器技术的不断成熟，群智感知将涵盖越来越多的普通用户和数据种类，进而也就会面对海量数据的时变性、多维度、异构性等问题。因此，研究在数据市场中对于数据/信息的合理定价问题具有重要意义。未来群智感知激励机制模型可以为“以用户为中心”的数据市场模型，即认为用户是独立的个体，自由地参与数据/信息的收集和出售。这些收集并出售自己收

集的感知数据的参与者为“卖家(Seller)”;需要数据的公司、研究单位或其他类型的实体/网络为“买家(Buyer)”;最为重要的是,负责为买卖双方提供“中介服务的交易平台”称为“经纪人(Broker)”广义上的数据市场。

(4) 研究群智感知的主要目的是为了提供数据支持,进而改善人们工作和生活。如今已有一些群智感知应用出现在人们的生活中,比如,文献[140]利用群智计算的概念让互联网用户贡献自身数据,并将其日常的浏览数据以及各网站的跟踪数据联合分析,提供给用户建议,用于个性化定制防止其隐私泄露的规则。此外,文献[141]实现了一个利用群智感知收集视频信息的系统,并通过云服务来分配计算资源并计价。文献[142]研究了群智地图 Waze 在可疑数据的作用下暴露隐私和安全问题,并提出了一种用于验证数据可靠性的方案。文献[143]利用群智计算的概念雇佣参与者上传环境数据从而将室内环境重现。文献[144]提出了一种利用群智感知网络中参与者智能手机测量数据来重建室外 RSS 地图的系统和方法。文献[145]提出了基于群智感知技术对群组用户行为进行推荐的系统。文献[146]提出了基于群智感知技术的集中式和分布式事件区域检测方法,考虑了每个参与者的智能设备的能量能级、位置、读数数据等信息,在事件监测的精确度和设备能量消耗之间取得了动态平衡。随着群智感知研究进一步深入,未来还需根据已有研究成果,将研究成果以群智感知应用的形式实现并推广,使群智感知真正快速融入人们的日常工作和生活中。除了从无到有,群智感知应用的类型也应多种多样,并且和时下热门的研究相结合,在改善人们生活的同时,为研究人员提供更多的研究数据,促进科学研究顺利进行。

(5) 机器人已经开始在一些领域替代人类,尤其是在军事领域,用机器人完成一些高危险的工作有利于避免人类的伤亡,虽然如今在民用领域机器人没有那么活跃,但是人们耳熟能详的扫地机器人已经走进了普通家庭。由于机器人容易受控和可以收集可信数据等优点,在未来机器人可以替代人类进行数据收集的工作,但是由于现在机器人的成本、科技发展的局限和相应的法律法规未出台或者限制等原因,人们不能大范围的使用机器人,这就形成了一种人类——机器人共存的群智感知系统。这种人机群智感知作为未来机器人群智感知的过渡阶段,会成为今后的一个研究方向。

(6) 群智感知系统在为感知任务选择合适的参与者时,往往需要参考参与者的个人隐私数据,群智感知网络的激励机制往往也需要系统明确感知数据的提供者,因此参加感知任务将为参与者带来不可预估的个人隐私泄露风险。随着民众个人安全意识的不断增长,感知任务潜在的个人隐私泄露风险必然会大大降低参与者对感知任务的参与意愿,从而不利于群智感知的发展。在群智感知系统中,个人隐私数据的泄露主要发生在参与者和群智感知系统平台、参与者与参与者之间。在基于第三方可信服务器的方法中,参与者仍需要上报个人隐私数据到群智感知系统平台,因此存在一定的风险,而且如果群智感知系统平台无法获取足够的个人信息,则无法对用户的可能贡献进行判断,而用户的行动路线往往是不均匀的,因此必然会导致收集到冗余数据,同时也会造成资源浪费。综合以上原因,一个能在不降低感知数据采集效率的参与者个人隐私保护机制是参与式感知从理论走向实用所不可避免的必经环节,因此,如何在感知任务中保护参与者的个人隐私也是群智感知所面临的重要问题之一。

(7) 在感知平台建设方面,作为群智感知系统三要素之一,感知平台起到了承上启下的作用。感知平台接受任务发布者的任务需求和预算,并选择合适的参与者收集数据完成任务,之后感知平台又将处理后的数据反馈给任务发布者。虽然目前针对群智感知理论和应用的研究呈现逐渐增多的态势,但是在感知平台的建设上,还需注意以下两个方面:一方面,感知平台的通用性。研究中发现感知任务的数据需求通常有不小的相关性或者相似性,加之智能设备已经具有多种传感器可以收集不同种类的数据。因此需要感知平台能够下发不同种类的任务,并且能够处理不同种类的数据,以提高数据收集效率并同时降低数据收集的成本。通用的感知平台可以使平台开发商不再需要针对某种数据单独开发专用感知平台,从而可以降低行业成本,减少资源浪费[88]。另一个方面,感知平台的可扩展性。群智感知的研究从原来的参与者选择,到现在任务分配、激励机制、参与者隐私、绿色节能、数据管理等,对群智感知的研究范围越来越广。这也要求感知平台能够与时俱进,将研究热点和具体应用相结合,实现功能的扩展。

参考文献

[1] Liu J,Li Y,Chen M,et al. Software-defined internet of things for smart urban sensing [J]. IEEE Communications Magazine,2015,53(9):55-63.

[2] Musa A,Biagioni J,Eriksson J. Trading off Accuracy,Timeliness,and Uplink Usage in Online GPS Tracking[J]. IEEE Transactions on Mobile Computing, 2016, 15(8): 2124-2136.

[3] 中国互联网络信息中心.第 44 次中国互联网络发展状况统计报告 [R]. 2019:9-20.

[4] 市场研究机构国际数据公司 IDC. 中国可穿戴设备市场季度跟踪报告 [R]. 2019:1-2.

[5] Guo B,Yu Z,Zhou X,et al. From participatory sensing to mobile crowd sensing[A]. // Proc. IEEE PERCOM'14[C]. 2014:593-598.

[6] 赵东. 移动群智感知网络中数据收集与激励机制研究 [D]. 北京:北京邮电大学,2014: 1-110.

[7] Weppner J,Lukowicz P. Bluetooth based collaborative crowd density estimation with mobile phones[A]. // Proc. IEEE PerCom'13[C]. 2013:193-200.

[8] Simoens P,Xiao Y,Pillai P,et al. Scalable crowd-sourcing of video from mobile devices [A]. // Proc. ACM MobiSys'13[C]. 2013:139-152.

[9] Wan J,Liu J,Shao Z,et al. Mobile crowd sensing for traffic prediction in internet of vehicles[J]. Sensors,2016,16(1):88.

[10] Yang H,Deng Y,Qiu J,et al. Electric Vehicle Route Selection and Charging Navigation Strategy based on Crowd Sensing[J]. IEEE Transactions on Industrial Informatics,2017.

[11] Ning Z,Xia F,Ullah N,et al. Vehicular social networks:enabling smart mobility[J]. IEEE Communications Magazine,2017,55(5):16-55.

[12] Hu S,Su L,Liu H,et al. Smartroad:Smartphone-based crowd sensing for traffic regulator detection and identification[J]. ACM Transactions on Sensor Networks,2015,11 (4):55.

[13] D'Hondt E,Stevens M,Jacobs A. Participatory noise mapping works! An evaluation of participatory sensing as an alternative to standard techniques for environmental monitoring[J]. Pervasive and Mobile Computing,2013,9(5):681-694.

[14] Rana R,Chou C T,Bulusu N,et al. Ear-Phone:A context-aware noise mapping using smart phones[J]. Pervasive and Mobile Computing,2015,17:1-22.

[15] Kim S,Robson C,Zimmerman T,et al. Creek watch:pairing usefulness and usability for successful citizen science[A]. // Proc. ACM CHI'11[C]. 2011:2125-2134.

[16] Villanueva F J, Villa D, Santofimia M J, et al. Crowdsensing smart city parking monitoring[A]. // Proc. IEEE WF-IoT'15[C]. 2015:751-756.

[17] Hoh B, Yan T, Ganesan D, et al. TruCentive: A game-theoretic incentive platform for trustworthy mobile crowdsourcing parking services[A]. // Proc. IEEE ITSC'12[C]. 2012:160-166.

[18] Li H, Ota K, Dong M, et al. Mobile Crowdsensing in Software Defined Opportunistic Networks[J]. IEEE Communications Magazine, 2017, 55(6):140-145.

[19] Han G, Liu L, Chan S, et al. HySense: A Hybrid Mobile CrowdSensing Framework for Sensing Opportunities Compensation under Dynamic Coverage Constraint[J]. IEEE Communications Magazine, 2017, 55(3):93-99.

[20] 张波. 参与式感知关键技术及应用研究 [D]. 北京:北京邮电大学, 2016:1-134.

[21] Alsheikh M A, Jiao Y, Niyato D, et al. The Accuracy-Privacy Trade-off of Mobile Crowdsensing[J]. IEEE Communications Magazine, 2017, 55(6):132-139.

[22] Zhang D, Wang L, Xiong H, et al. 4W1H in mobile crowd sensing[J]. IEEE Communications Magazine, 2014, 52(8):42-48.

[23] Zhang D, Xiong H, Wang L, et al. CrowdRecruiter: selecting participants for piggyback crowdsensing under probabilistic coverage constraint[A]. // Proc. ACM UbiComp'14 [C]. 2014:703-714.

[24] González M C, Hidalgo C A, Barabási A L. Understanding individual human mobility patterns[J]. Nature, 2008, 453(7196):779-782.

[25] Wang D, Pedreschi D, Song C, et al. Human mobility, social ties, and link prediction [A]. // Proc. ACM SIGKDD'11[C]. 2011:1100-1108.

[26] Yu F, Leung V. Mobility-based predictive call admission control and bandwidth reservation in wireless cellular networks[J]. Computer Networks, 2002, 38(5):577-589.

[27] Lu X, Li D, Xu B, et al. Minimum cost collaborative sensing network with mobile phones[A]. // Proc. IEEE ICC'13[C]. 2013:1816-1820.

[28] Rhee I, Shin M, Hong S, et al. On the levy-walk nature of human mobility[J]. IEEE/ACM transactions on networking, 2011, 19(3):630-643.

[29] Pouryazdan M, Kantarci B, Soyata T, et al. Quantifying User Reputation Scores, Data Trustworthiness, and User Incentives in Mobile Crowd-Sensing[J]. IEEE Access, 2017, 5:1382-1397.

[30] Chatzopoulos D, Ahmadi M, Kosta S, et al. Openrp: a reputation middleware for opportunistic crowd computing[J]. IEEE Communications Magazine, 2016, 54(7):115-121.

[31] Tang Z, Guo S, Li P, et al. Energy-efficient transmission scheduling in mobile phones using machine learning and participatory sensing[J]. IEEE Transactions on Vehicular Technology, 2015, 64(7):3167-3176.

[32] Wazir Zada Khan Y X, Aalsalem M Y, Arshad Q. Mobile phone sensing systems: Asurvey[J]. IEEE Communications Surveys & Tutorials, 2013, 15(1):402-427.

[33] Huang K L,Kanhere S S,HuW. On the need for a reputation system in mobile phone based sensing[J]. Ad Hoc Networks,2014,12:130-149.

[34] Restuccia F,Das S K,Payton J. Incentive mechanisms for participatory sensing:Survey and research challenges[J]. ACM Transactions on Sensor Networks,2016,12(2):13.

[35] Fiore M,Nordio A,Chiasserini C F. Driving Factors Toward Accurate Mobile Opportunistic Sensing in Urban Environments[J]. IEEE Transactions on Mobile Computing,2016,15(10):2480-2493.

[36] Brabham D C. Crowdsourcing[M]. Cambridge:Mit Press:1-168.

[37] Kanhere S S. Participatory sensing:Crowdsourcing data from mobile smartphones in urban spaces[A]. // International Conference on Distributed Computing and Internet Technology[C]. 2013:19-26.

[38] Wang Y,Nakao A,Vasilakos A V. Heterogeneity playing key role:Modeling and analyzing the dynamics of incentive mechanisms in autonomous networks[J]. ACM Transactions on Autonomous and Adaptive Systems,2012,7(3):31.

[39] Doan A,Ramakrishnan R,Halevy A Y. Crowdsourcing systems on the world-wide web[J]. Communications of the ACM,2011,54(4):86-96.

[40] Aflaki S,Meratnia N,Baratchi M,et al. Evaluation of incentives for body area network-based healthcare systems[A]. // Proc. IEEE ISSNIP'13[C]. 2013:515-520.

[41] Scekic O,Truong H L,Dustdar S. Programming incentives in information systems [A]. // Advanced Information Systems Engineering[C]. 2013:688-703.

[42] Yang D,Xue G,Fang X,et al. Crowdsourcing to smartphones:incentive mechanism design for mobile phone sensing[A]. // Proc. ACM MobiCom'12[C]. 2012:173-184.

[43] Wang D,Kaplan L,Abdelzaher T F. Maximum likelihood analysis of conflicting observations in social sensing[J]. ACM Transactions on Sensor Networks,2014,10(2):30.

[44] Chang S,Zhu H,Zhang W,et al. PURE:Blind Regression Modeling for Low Quality Data with Participatory Sensing[J]. IEEE Transactions on Parallel and Distributed Systems,2016,27(4):1199-1211.

[45] Amintoosi H,Kanhere S S. A reputation framework for social participatory sensing systems[J]. Mobile Networks and Applications,2014,19(1):88-100.

[46] Lee J S,Hoh B. Dynamic pricing incentive for participatory sensing[J]. Pervasive and Mobile Computing,2010,6(6):693-708.

[47] Lee J S,Hoh B. Sell your experiences:a market mechanism based incentive for participatory sensing[A]. // Proc. IEEE PerCom'10[C]. 2010:60-68.

[48] Xu H,Larson K. Improving the efficiency of crowdsourcing contests[A]. // Proc. ACM AA-MAS'14[C]. 2014:461-468.

[49] Duan L,Kubo T,Sugiyama K,et al. Incentive mechanisms for smartphone collaboration in data acquisition and distributed computing[A]. // Proc. IEEE INFOCOM'12 [C]. 2012:1701-1709.

[50] Krontiris I,Albers A. Monetary incentives in participatory sensing using multi-attributive auctions[J]. International Journal of Parallel, Emergent and Distributed Systems,2012,27(4):317-336.

[51] Luo T,Tan H P,Xia L. Profit-Maximizing Incentive for Participatory Sensing[A]. // Proc. IEEE INFOCOM'14[C]. 2014:127-135.

[52] Chou C M,Lan K C,Yang C F. Using virtual credits to provide incentives for vehicle communication[A]. // Proc. IEEE ITST'12[C]. 2012:579-583.

[53] Goel G,Nikzad A,Singla A. Allocating tasks to workers with matching constraints: truthful mechanisms for crowdsourcing markets[A]. // Proc. ACM WWW'14[C]. 2014:279-280.

[54] Gao Y,Chen Y,Liu K. On cost-effective incentive mechanisms in microtask crowdsourcing [J]. IEEE Transactions on Computational Intelligence and AI in Games,2015,7(1):3-15.

[55] Koutsopoulos I. Optimal Incentive-driven Design of Participatory Sensing Systems [A]. // Proc. IEEE INFOCOM'13[C]. 2013:1402-1410.

[56] Zhang X,Yang Z,Zhou Z,et al. Free market of crowdsourcing: Incentive mechanism design for mobile sensing[J]. IEEE Transactions on Parallel and Distributed Systems, 2014,25(12):3190-3200.

[57] Zhao D,Li X Y,Ma H. How to crowdsource tasks truthfully without sacrificing utility: Online incentive mechanisms with budget constraint[A]. // Proc. IEEE INFOCOM'14[C]. 2014:1213-1221.

[58] Jaimes L G,Vergara-Laurens I,Labrador M A. A location-based incentive mechanism for participatory sensing systems with budget constraints[A]. // Proc. IEEE PerCom'12[C]. 2012:103-108.

[59] Boutsis I,Kalogeraki V. Mobile Stream Sampling under Time Constraints[A]. // Proc. IEEE MDM'13[C]. 2013:227-236.

[60] Ra M R,Liu B,La Porta T F,et al. Medusa: A programming framework for crowd-sensing applications[A]. // Proc. ACM Mobisys'12[C]. 2012:337-350.

[61] Luo T,Tham C K. Fairness and social welfare in incentivizing participatory sensing [A]. // Proc. IEEE SECON'12[C]. 2012:425-433.

[62] Faltings B,Li J J,Jurca R. Incentive mechanisms for community sensing[J]. IEEE Transactions on Computers,2014,63(1):115-128.

[63] Lv Y,Moscibroda T. Fair and resilient incentive tree mechanisms[A]. // Proc. ACM PODC'13[C]. 2013:230-239.

[64] Zhang Y,van der Schaar M. Reputation-based incentive protocols in crowdsourcing applications[A]. // Proc. IEEE INFOCOM'12[C]. 2012:2140-2148.

[65] Mason W,Watts D J. Financial incentives and the performance of crowds[J]. ACM SigKDD Explorations Newsletter,2010,11(2):100-108.

[66] Haderer N,Rouvoy R,Seinturier L. A preliminary investigation of user incentives to leverage crowdsensing activities[A]. // Proc. IEEE PERCOM'13 Workshops[C]. 2013:199-204.

[67] Schweizer I, Meurisch C, Gedeon J, et al. Noisemap: multi-tier incentive mechanisms for participative urban sensing[A]. // Proc. ACM PhoneSense'12[C]. 2012:9.

[68] Von Kaenel M, Sommer P, Wattenhofer R. Ikarus: large-scale participatory sensing at high altitudes[A]. // Proc. ACM HotMobile'11[C]. 2011:63-68.

[69] Deng L, Cox L P. Livecompare: grocery bargain hunting through participatory sensing [A]. // Proc. ACM HotMobile'09 workshops[C]. 2009:4.

[70] Lan K, Wang H. On providing incentives to collect road traffic information[A]. // Proc. IEEE IWCMC'13[C]. 2013:1-5.

[71] Anawar S, Yahya S. Empowering health behaviour intervention through computational approach for intrinsic incentives in participatory sensing application[A]. // Proc. IEEE ICRIIS'13[C]. 2013:281-285.

[72] Zhao D, Li X Y, Ma H. Budget-feasible online incentive mechanisms for crowdsourcing tasks truthfully[J]. IEEE/ACM Transactions on Networking, 2016, 24(2):647-661.

[73] Song Z, Liu C H, Wu J, et al. QoI-Aware Multi-Task-Oriented Dynamic Participant Selection with Budget Constraints[J]. IEEE Transactions on Vehicular Technology, 2013, 63(9):4618-4632.

[74] Wen Y, Shi J, Zhang Q, et al. Quality-driven auction-based incentive mechanism for mobile crowd sensing[J]. IEEE Transactions on Vehicular Technology, 2015, 64(9): 4203-4214.

[75] Jin H, Su L, Chen D, et al. Quality of information aware incentive mechanisms for mobile crowd sensing systems[A]. // Proc. MobiHoc'15[C]. 2015:167-176.

[76] Wang L, Zhang D, Pathak A, et al. CCS-TA: Quality-guaranteed online task allocation in compressive crowdsensing[A]. // Proc. ACM UbiComp'15[C]. 2015:683-694.

[77] Marjanović M, Skorin-Kapov L, Pripužić K, et al. Energy-aware and quality-driven sensor management for green mobile crowd sensing[J]. Journal of network and computer applications, 2016, 59:95-108.

[78] Peng D, Wu F, Chen G. Pay as how well you do: A quality based incentive mechanism for crowdsensing[A]. // Proc. ACM MobiHoc'15[C]. 2015:177-186.

[79] Wang X O, Cheng W, Mohapatra P, et al. Artsense: Anonymous reputation and trust in participatory sensing[A]. // Proc. IEEE INFOCOM'13[C]. 2013:2517-2525.

[80] Wang D, Huang C. Confidence-aware truth estimation in social sensing applications[A]. // Proc. IEEE SECON'15[C]. 2015:336-344.

[81] Guo W, Wang S. Mobile Crowd-Sensing Wireless Activity with Measured Interference Power. [J]. IEEE Wireless Communications Letters, 2013, 2(5):539-542.

[82] Pankratius V, Lind F, Coster A, et al. Mobile crowd sensing in space weather monitoring: the mahali project[J]. IEEE Communications Magazine, 2014, 52(8):22-28.

[83] Baguena M, Calafate C T, Cano J C, et al. An adaptive anycasting solution for crowd sensing in vehicular environments[J]. IEEE Transactions on Industrial Electronics, 2015, 62(12):7911-7919.

[84] Yu Z, Feng Y, Xu H, et al. Recommending travel packages based on mobile crowdsourced data[J]. IEEE Communications Magazine, 2014, 52(8): 56-62.

[85] Mendez D, Labrador M, Ramachandran K. Data interpolation for participatory sensing systems[J]. Pervasive and Mobile Computing, 2013, 9(1): 132-148.

[86] Liu C H, Fan J, Hui P, et al. QoI-aware energy-efficient participatory crowdsourcing [J]. IEEE Sensors Journal, 2013, 13(10): 3742-3753.

[87] Christin D, Buchner C, Leibecke N. What's the value of your privacy? Exploring factors that influence privacy-sensitive contributions to participatory sensing applications [A]. // Proc. IEEE LCN'13 Workshops[C]. 2013: 918-923.

[88] Sendín-Raña P, González-Castaño F J, Gómez-Cuba F, et al. Improving management performance of P2PSIP for mobile sensing in wireless overlays[J]. Sensors, 2013, 13 (11): 15364-15384.

[89] Krontiris I, Langheinrich M, Shilton K. Trust and privacy in mobile experience sharing: future challenges and avenues for research[J]. IEEE Communications Magazine, 2014, 52(8): 50-55.

[90] Zhang Q, Wen Y, Tian X, et al. Incentivize crowd labeling under budget constraint [A]. // Proc. IEEE INFOCOM'15[C]. 2015: 2812-2820.

[91] Sun J, Ma H. Heterogeneous-belief based incentive schemes for crowd sensing in mobile social networks[J]. Journal of Network and Computer Applications, 2014, 42: 189-196.

[92] Difallah D E, Demartini G, Cudré-Mauroux P. Pick-a-crowd: tell me what you like, and i'll tell you what to do[A]. // Proc. ACM WWW'13[C]. 2013: 367-374.

[93] Yang H, Zhang J, Roe P. Using reputation management in participatory sensing for data classification[J]. Procedia Computer Science, 2011, 5: 190-197.

[94] Hardisty D J, Appelt K C, Weber E U. Good or bad, we want it now: Fixed-cost present bias for gains and losses explains magnitude asymmetries in intertemporal choice [J]. Journal of Behavioral Decision Making, 2013, 26(4): 348-361.

[95] Rouviere E, Soubeyran R, others. Competition vs. quality in an industry with imperfect traceability[J]. Economics Bulletin, 2011, 31(4): 3052-3067.

[96] Board S, Meyer-terVehn M. Reputation for quality[J]. Econometrica, 2013, 81(6): 2381-2462.

[97] Garvin D A. What does product quality really mean[J]. Sloan management review, 1984, 26(1).

[98] Custódio A L, Rocha H, Vicente L N. Incorporating minimum Frobenius norm models in direct search[J]. Computational Optimization and Applications, 2010, 46(2): 265-278.

[99] Liu C H, Zhang B, Su X, et al. Energy-Aware Participant Selection for Smartphone-Enabled Mobile Crowd Sensing[J]. IEEE Systems Journal, 2015: 1-12.

[100] Lane N D,Chon Y,Zhou L,et al. Piggyback crowdsensing(pcs):energy efficient crowdsourcing of mobile sensor data by exploiting smartphone app opportunities[A]. // Proc. ACM Conference on Embedded Networked Sensor Systems[C]. 2013:7.

[101] Riahi M,Papaioannou T G,Trummer I,et al. Utility-driven data acquisition in participatory sensing[A]. // Proc. ACM EDBT'13[C]. 2013:251-262.

[102] Song Z,Ngai E,Ma J,et al. A Novel Incentive Negotiation Mechanism for Participatory Sensing under Budget Constraints[A]. // Proc. IEEE IWQoS'14[C]. 2014:326-331.

[103] Zheng Y,Xie X,Ma W Y. GeoLife:A Collaborative Social Networking Service among User,Location and Trajectory[J]. IEEE Data Engineering Bulletin,2010,33(2):32-39.

[104] Chon Y,Lane N D,Li F,et al. Automatically characterizing places with opportunistic crowdsensing using smartphones[A]. // Proc. ACM UbiComp'12[C]. 2012:481-490.

[105] Du R,Chen C,Yang B,et al. Effective Urban Traffic Monitoring by Vehicular Sensor Networks[J]. IEEE Transactions on Vehicular Technology,2015,64(1):273-286.

[106] Ganti R K,Ye F,Lei H. Mobile crowdsensing:current state and future challenges.[J]. IEEE Communications Magazine,2011,49(11):32-39.

[107] Castro P S,Zhang D,Chen C,et al. From taxi GPS traces to social and community dynamics:A survey[J]. ACM Computing Surveys,2013,46(2):17.

[108] Yu Z,Xu H,Yang Z,et al. Personalized Travel Package With Multi-Point-of-Interest Recommendation Based on Crowdsourced User Footprints[J]. IEEE Transactions on Human-Machine Systems,2016,46(1):151-158.

[109] Yellambalase Y. Voice Command Activated Vehicle Camera System[P]. USA:US20160196823,2015-1-2.

[110] Wang J,Tang J,Yang D,et al. Quality-aware and fine-grained incentive mechanisms for mobile crowdsensing[A]. // Proc. IEEE ICDCS'16[C]. 2016:354-363.

[111] Alizadeh M,Scaglione A,Davies J,et al. A scalable stochastic model for the electricity demand of electric and plug-in hybrid vehicles[J]. IEEE Transactions on Smart Grid,2014,5(2):848-860.

[112] Baumol W,Blinder A. Microeconomics:Principles and policy[M]. 13th ed. New York:South-Western College Pub,2015:1-544.

[113] Telser L G. Competition,collusion and game theory[M]. New York:Routledge,2017:1-400.

[114] Lorenzo Bracciale and Marco Bonola and Pierpaolo Loreti and Giuseppe Bianchi and Raul Amici and Antonello Rabuffi. CRAWDAD dataset roma/taxi(v. 2014-07-17)[EB/OL]. http://crawdad.org/roma/taxi/20140717,2014-7-17.

[115] Pu L,Chen X,Xu J,et al. Crowdlet:Optimal worker recruitment for self-organized mobile crowdsourcing[A]. // Proc. IEEE INFOCOM'16[C]. 2016:1-9.

[116] Xiao M,Wu J,Huang L,et al. Multi-task assignment for crowdsensing in mobile social networks[A]. // Proc. IEEE INFOCOM'15[C]. 2015:2227-2235.

[117] Karaliopoulos M,Telelis O,Koutsopoulos I. User recruitment for mobile crowdsensing over opportunistic networks[A]. // Proc. IEEE INFOCOM'15[C]. 2015:2254-2262.

[118] He Z,Cao J,Liu X. High quality participant recruitment in vehicle-based crowdsourcing using predictable mobility[A]. // Proc. IEEE INFOCOM'15[C]. 2015:2542-2550.

[119] Tuncay G S,Benincasa G,Helmy A. Autonomous and distributed recruitment and data collection framework for opportunistic sensing[J]. ACM SIGMOBILE Mobile Computing and Communications Review,2013,16(4):50-53.

[120] Guo B,Liu Y,Wu W,et al. Activecrowd:A framework for optimized multitask allocation in mobile crowdsensing systems[J]. IEEE Transactions on Human-Machine Systems,2017,47(3):392-403.

[121] Guo B,Chen H,Yu Z,et al. FlierMeet:Cross-space public information reposting with mobile crowd sensing[A]. // Proc. ACM UbiComp'14[C]. 2014:59-62.

[122] He D,Chan S,Guizani M. User privacy and data trustworthiness in mobile crowd sensing[J]. IEEE Wireless Communications,2015,22(1):28-34.

[123] Wang D,Abdelzaher T,Kaplan L. Surrogate mobile sensing[J]. IEEE Communications Magazine,2014,52(8):36-41.

[124] Wang L,Zhang D,Yan Z,et al. effSense:a novel mobile crowd-sensing framework for energy-efficient and cost-effective data uploading[J]. IEEE Transactions on Systems, Man,and Cybernetics:Systems,2015,45(12):1549-1563.

[125] Shmueli G,Minka T P,Kadane J B,et al. A useful distribution for fitting discrete data:revival of the Conway-Maxwell-Poisson distribution[J]. Journal of the Royal Statistical Society:Series C(Applied Statistics),2005,54(1):127-142.

[126] Budde M,El Masri R,Riedel T,et al. Enabling low-cost particulate matter measurement for participatory sensing scenarios[A]. // Proc. ACM mobile and ubiquitous multimedia'13[C]. 2013:19.

[127] DeGroot M H,J S M. Probability and statistics[M]. 4th ed. London:Pearson,1986:1-840.

[128] Le H,Wang D,Ahmadi H,et al. Demo:Distilling likely truth from noisy streaming data with Apollo[A]. // Proc. ACM SenSys'11[C]. ACM,2011:417-418.

[129] Sheng Z,Mahapatra C,Zhu C,et al. Recent Advances in Industrial Wireless Sensor Networks Towards Efficient Management in IoT[J]. IEEE Access,2015,3:622-637.

[130] Rula J P,Bustamante F E. Crowdsensing under(soft) control[A]. // Proc. IEEE INFOCOM'15[C]. 2015:2236-2244.

[131] Meng C,Xiao H,Su L,et al. Tackling the Redundancy and Sparsity in Crowd Sensing Applications[A]. // Proc. ACM SenSys'16[C]. 2016:150-163.

[132] Meng C,Jiang W,Li Y,et al. Truth discovery on crowd sensing of correlated entities [A]. // Proc. ACM SenSys'15[C]. 2015:169-182.

[133] Miao C,Jiang W,Su L,et al. Cloud-enabled privacy-preserving truth discovery in crowd sensing systems[A]. // Proc. ACM SenSys'15[C]. 2015:183-196.

[134] Cheung M H, Southwell R, Hou F, et al. Distributed time-sensitive task selection in mobile crowdsensing[A]. // Proc. ACM MobiHoc'15[C]. 2015:157-166.

[135] Carreras I, Miorandi D, Tamilin A, et al. Matador: Mobile task detector for context-aware crowdsensing campaigns[A]. // Proc. IEEE Percom' 13 Workshops[C]. 2013: 212-217.

[136] Liu J, Issarny V. Enhanced reputation mechanism for mobile ad hoc networks[A]. // Trust management[C]. Springer, 2004:48-62.

[137] Jøsang A, Ismail R, Boyd C. A survey of trust and reputation systems for online service provision[J]. Decision support systems, 2007, 43(2):618-644.

[138] Mendez D, Labrador M, Ramachandran K. Data interpolation for participatory sensing systems[J]. Pervasive and Mobile Computing, 2013, 9(1):132-148.

[139] Rhee, Injong and Shin, Minsu and Hong, Seongik and Lee, Kyunghan and Kim, Seongjoon and Chong, Song. CRAWDAD data set ncsu/mobilitymodels (v. 2009-07-23) [EB/OL]. http://crawdad.org/ncsu/mobilitymodels/, 2009-07-23.

[140] Metwalley H, Traverso S, Mellia M, et al. CrowdSurf: Empowering Transparency in the Web[J]. ACM SIGCOMM Computer Communication Review, 2015, 45(5):5-12.

[141] Chen F, Zhang C, Wang F, et al. Crowdsourced live streaming over the cloud[A]. // Proc. IEEE INFOCOM'15[C]. 2015:2524-2532.

[142] Wang G, Wang B, Wang T, et al. Defending against Sybil devices in crowdsourced mapping services[A]. // Proc. ACM MobiSys'16[C]. 2016:179-191.

[143] Chen S, Li M, Ren K, et al. Rise of the indoor crowd: Reconstruction of building interior view via mobile crowdsourcing[A]. // Proc. ACM SenSys'15[C]. 2015:59-71.

[144] Xiang C, Yang P, Tian C, et al. CARM: crowd-sensing accurate outdoor RSS maps with errorprone smartphone measurements[J]. IEEE Transactions on Mobile Computing, 2016, 15(11):2669-2681.

[145] Guo B, Yu Z, Chen L, et al. MobiGroup: enabling lifecycle support to social activity organization and suggestion with mobile crowd sensing[J]. IEEE Transactions on Human-Machine Systems, 2016, 46(3):390-402.

[146] Zhang B, Song Z, Liu C H, et al. An event-driven qoi-aware participatory sensing framework with energy and budget constraints[J]. ACM Transactions on Intelligent Systems and Technology, 2015, 6(3):42.

[147] Wang L, Zhang D, Wang Y, Chen C, Han X, and A. M'hamed, "Sparse mobile crowdsensing: Challenges and opportunities," IEEE Commun. Mag., 54(7):161-167.

[148] Wang L, et al., "Space-ta: Cost-effective task allocation exploiting intradata and interdata correlations in sparse crowdsensing," ACM Trans. Intelligent Syst. Technol, 2017, 9(2):20.

[149] Han K, Zhang C, Luo J, Hu M, and Veeravalli B. "Truthful scheduling mechanisms for powering mobile crowdsensing," IEEE Trans. Comput. 2016, 65(1):294 307.

[150] Basudan S, Lin X, and Sankaranarayanan K. "A privacy-preserving vehicular crowdsensing-based road surface condition monitoring system using fog computing," IEEE Internet Things J, 2017, 4(3): 772-782.

[151] Huang C, Lu R, and Choo K. "Vehicular fog computing: Architecture, use case, and security and forensic challenges," IEEE Commun. Mag, 2017, 55(11): 105-111.

[152] Pu L, Chen X, Mao G, Xie Q and Xu J. "Chimera: An energy-efficient and deadline-aware hybrid edge computing framework for vehicular crowdsensing applications," IEEE Internet Things J., 2018, to be published.

[153] Wang X, Wu W, and Qi D. "Mobility-aware participant recruitment for vehicle-based mobile crowdsensing," IEEE Trans. Veh. Technol, 2018, 67(5): 4415-4426.

[154] Data Tang. Accessed on: July 2018. [Online]. Available: http://en. datatang. com/.

[155] Programering, "(Baidu, Google) map latitude and longitude GPS offset correction." Accessed on: Dec. 2012. [Online]. Available: https://www. programering. com/a/MTO1IzN wATg. html.

[156] Wang W, Gao H, Liu C, and Leung K. "Credible and energy-aware participant selection with limited task budget for mobile crowd sensing," Ad Hoc Netw, 2016, 43: 56-70.

[157] Peng D, Wu F, and Chen G. "Pay as how well you do: A quality based incentive mechanism for crowdsensing," in Proc. 16th ACM MobiHoc'15, 2015: 177-186.

附录　缩略语表

BPD	Binomial-Poisson Distribution,二项泊松分布
CS	Crowd Sensing,群智感知
DCM	Data Collection Method,数据收集方法
DoT metric	Difficulty of Task Metric,任务困难度指数
EM	Expectation Maximization,期望最大
GSA	Global Mobile Suppliers Association,全球移动设备供应商协会
MPP	Maximizing Participant's Profit,最大化参与者利润
MQM	Maximizing QoI Method,最大化信息质量方法
MTurk	Mechanical Turk,土耳其机器人
OBU	On Board Unit,车载单元
OITA	Online Incentivizing Task Assignment,在线场景任务分配
OS	Opportunistic Sensing,机会感知
PoI	Point of Interest,兴趣点
PS	Participatory Sensing,参与式感知
QoI	Quality of Information,信息质量
QoI metric	Quality of Information Metric,信息质量指数
TPSM	Trustable Participants Selection Method,可信参与者选择方法
TSM	Threshold Setting Method,阈值设定方法
HVCS	Hybrid Vehicular Crowdsourcing,混合车辆众包